国家自然科技资源共享平台项目资助

农作物种质资源技术规范丛书（4－42）

百合种质资源描述规范和数据标准

Descriptors and Data Standard for Lily

(*Lilium* spp.)

李锡香　明　军　等　编著

中国农业科学技术出版社

图书在版编目（CIP）数据

百合种质资源描述规范和数据标准／李锡香，明　军等编著．—北京：中国农业科学技术出版社，2014.11
（农作物种质资源技术规范丛书）
ISBN 978－7－5116－1846－7

Ⅰ.①百…　Ⅱ.①李…②明…　Ⅲ.①百合－种质资源－描写－规范②百合－种质资源－数据－标准　Ⅳ.①S644.1－65

中国版本图书馆 CIP 数据核字（2014）第 239112 号

责任编辑　张孝安
责任校对　贾晓红

出 版 者　中国农业科学技术出版社
北京市中关村南大街 12 号　邮编：100081
电　　话　（010）82109708（编辑室）　（010）82109704（发行部）
（010）82109709（读者服务部）
传　　真　（010）82106650
网　　址　http://www.castp.cn
经 销 者　各地新华书店
印 刷 者　北京京华虎彩印刷有限公司
开　　本　710 mm × 1 000 mm　1/16
印　　张　7.5
字　　数　147 千字
版　　次　2014 年 11 月第 1 版　2014 年 11 月第 1 次印刷
定　　价　35.00 元

《农作物种质资源技术规范》

总编辑委员会

《百合种质资源描述规范和数据标准》编写委员会

主　编　李锡香　明　军

副主编　邱　杨

执笔人　邱　杨　明　军　李锡香　王海平　张彩霞　袁素霞　刘　春

审稿人　(以姓氏笔画为序)

王　素　王德槟　方智远　朱德蔚　江用文　许　勇　杜永臣　李润淮　张宝海　张振贤　张德纯　范双喜　祝　旅　徐兆生　戚春章

《农作物种质资源技术规范》

前　　言

农作物种质资源是人类生存和发展最有价值的宝贵财富，是国家重要的战略性资源，是作物育种、生物科学研究和农业生产的物质基础，是实现粮食安全、生态安全与农业可持续发展的重要保障。中国农作物种质资源种类多、数量大，以其丰富性和独特性在国际上占有重要地位。经过广大农业科技工作者多年的努力，目前，已收集保存了38万份种质资源，积累了大量科学数据和技术资料，为制定农作物种质资源技术规范奠定了良好的基础。

农作物种质资源技术规范的制定是实现中国农作物种质资源工作标准化、信息化和现代化，促进农作物种质资源事业跨越式发展的一项重要任务，是农作物种质资源研究的迫切需要。其主要作用是：①规范农作物种质资源的收集、整理、保存、鉴定、评价和利用；②度量农作物种质资源的遗传多样性和丰富度；③确保农作物种质资源的遗传完整性，拓宽利用价值，提高使用时效；④提高农作物种质资源整合的效率，实现种质资源的充分共享和高效利用。

《农作物种质资源技术规范》是国内首次出版的农作物种质资源基础工具书，是农作物种质资源考察收集、整理鉴定、保存利用的技术手册，其主要特点：①植物分类、生态、形态，农艺、生理生化、植物保护，计算机等多学科交叉集成，具有创新性；②综合运用国内外有关标准规范和技术方法的最新研究成果，具有先进性；③由实践经验丰富和理论水平高的科学家编审，科学性、系统性和实用性强，具有权威性；④资料翔实、结构严谨、形式新颖、图文并茂，具有可操作性；⑤规定了粮食作物、经济作物、蔬菜、果树、牧草绿肥等五大类100多种作物种质资源的描述规范、数据标准和数据质量控制规范，以及收集、整理、保存技术规程，内容丰富，具有完整性。

《农作物种质资源技术规范》是在农作物种质资源50多年科研工作的基础上，参照国内外相关技术标准和先进方法，组织全国40多个科研单位，500多名科技人员进行编撰，并在全国范围内征求了2 000多位专家的意见，召开了近百次专家咨询会议，经反复修改后形成的。《农作物种质资源技术规范》按不同作物分册出版，共计100余册，便于查阅使用。

《农作物种质资源技术规范》的编撰出版，是国家自然科技资源共享平台建设的重要任务之一。国家自然科技资源共享平台项目由科技部和财政部共同立项，各资源领域主管部门积极参与，科技部农村与社会发展司精心组织实施，农业部科技教育司具体指导，并得到中国农业科学院的全力支持及全国有关科研单位、高等院校及生产部门的大力协助，在此谨致诚挚的谢意。由于时间紧、任务重、缺乏经验，书中难免有疏漏之处，恳请读者批评指正，以便修订。

总编辑委员会

前　言

百合为百合科（Liliaceae）百合属（*Lilium*）多年生草本鳞茎植物，别名夜合、中蓬花、蒜脑薯、山蒜头等，古名番韭。染色体基数 $x=12$，大多数种类为二倍体，$2n=2x=24$，卷丹、兰州百合等为三倍体。百合主要食用鳞茎，花可供观赏及食用。百合鳞片含有丰富的蛋白质、淀粉、糖类、果胶质、脂肪、粗纤维、维生素及钙、磷、锌、铁、硒等基本营养物质以及黄酮、秋水仙碱等一些功能性物质。鳞茎入药具补中益气、润肺止咳、抗癌等功效。百合不但可做成多种色佳味美的菜肴，而且还能加工成百合干、百合粉、饮料、罐头食品等。

百合大多数原产北半球的温带地区，全世界百合属植物约有94种。中国、日本及朝鲜野生百合分布甚广，中国是百合的起源中心之一，起源于中国的有47种、18个变种，其中，36个种、15个变种为中国所特有。可作为食用百合栽培的，现有2个种、2个变种。野生百合遍及中国28个省、市、自治区，垂直分布在海拔200～4 000m。我国最早在汉代张仲景编著的《金匮要略》中，已详述百合的药用价值，而其观赏及食用栽培可溯源于唐宋时期。中国栽培食用百合历史悠久。2 200多年前的《神农本草经》就有关于百合的记载。古文《尔雅翼》中记载："百合蒜，根小者如大蒜，大者如椀，数十片相累，状如白莲花，故名百合花，言百片合成也。"唐朝初年（公元618年）的《千金翼方》描述了百合的栽培技术。

据不完全统计，观赏百合栽培品种有5 000多个。近年来，种植百合经济效益颇高，在许多地区，把发展百合生产作为调整产业结构、增加农民收入的一项重要举措。目前栽培面积较大的食用品种主要有兰州百合、宜兴百合（卷丹）和龙牙百合等。观赏百合主要以切花百合为主，品种繁多、类型丰富。

广泛的资源收集对百合种质资源的利用尤为重要。现由中国农业科学院蔬菜花卉研究所等单位收集、保存野生种、食用百合地方品种以及观赏品种百合种质资源2 000余份。

规范标准是国家自然科技资源共享平台建设的基础，百合种质资源描述规范和数据标准的制定是国家农作物种质资源平台建设的重要内容。制定统一的百合种质资源规范标准，有利于整合全国百合种质资源，规范百合种质资源的收集、整理和保存等基础性工作，创造良好的资源和信息共享环境和条件；有利于保护和利用百合种质资源，充分挖掘其潜在的经济、社会和生态价值，促进全国百合种质资源研究的有序和高效发展。

百合种质资源描述规范规定了百合种质资源的描述符及其分级标准，以便对百合种质资源进行标准化整理和数字化表达。百合种质资源数据标准规定了百合种质资源各描述符的字段名称、类型、长度、小数位、代码等，以便建立统一的、规范的百合种质资源数据库。百合种质资源数据质量控制规范规定了百合种质资源数据采集全过程中的质量控制内容和质量控制方法，以保证数据的系统性、可比性和可靠性。

《百合种质资源描述规范和数据标准》由中国农业科学院蔬菜花卉研究所主持编写，并得到了全国百合科研、教学和生产单位的大力支持。在编写过程中，参考了国内外相关文献，由于篇幅所限，书中仅列主要参考文献。在此一并致谢。由于编著者水平有限，错误和疏漏之处在所难免，恳请批评指正。

编著者

目　　录

一　百合种质资源描述规范和数据标准制定的原则和方法 …………………… (1)
二　百合种质资源描述简表 ………………………………………………… (3)
三　百合种质资源描述规范 ………………………………………………… (10)
四　百合种质资源数据标准 ………………………………………………… (36)
五　百合种质资源数据质量控制规范 ……………………………………… (56)
六　百合种质资源数据采集表 ……………………………………………… (94)
七　百合种质资源利用情况报告格式 ……………………………………… (100)
八　百合种质资源利用情况登记表 ………………………………………… (101)

主要参考文献 ………………………………………………………………… (102)
《农作物种质资源技术规范丛书》分册目录 ………………………………… (104)

一　百合种质资源描述规范和数据标准制定的原则和方法

1　百合种质资源描述规范制定的原则和方法

1.1　原则

1.1.1　优先采用现有数据库中的描述符和描述标准。

1.1.2　以种质资源研究和育种需求为主，兼顾生产与市场需要。

1.1.3　立足中国现有基础，考虑将来发展，尽量与国际接轨。

1.2　方法和要求

1.2.1　描述符类别分为6类。

1　基本信息
2　形态特征和生物学特性
3　品质特性
4　抗逆性
5　抗病虫性
6　其他特征特性

1.2.2　描述符代号由描述符类别加两位顺序号组成，如“110”、“208”、“501”等。

1.2.3　描述符性质分为3类。

M　必选描述符（所有种质必须鉴定评价的描述符）
O　可选描述符（可选择鉴定评价的描述符）
C　条件描述符（只对特定种质进行鉴定评价的描述符）

1.2.4　描述符的代码应是有序的，如数量性状从细到粗、从低到高、从小到大、从少到多排列，颜色从浅到深，抗性从强到弱等。

1.2.5　每个描述符应有一个基本的定义或说明，数量性状应标明单位，质量性状应有评价标准和等级划分。

1.2.6　植物学形态描述符应附模式图。

1.2.7　重要数量性状应以数值表示。

2 百合种质资源数据标准制定的原则和方法

2.1 原则

2.1.1 数据标准中的描述符应与描述规范相一致。

2.1.2 数据标准应优先考虑现有数据库中的数据标准。

2.2 方法和要求

2.2.1 数据标准中的代号应与描述规范中的代号一致。

2.2.2 字段名最长12位。

2.2.3 字段类型分字符型（C）、数值型（N）和日期型（D）。日期型的格式为YYYYMMDD。

2.2.4 经度的类型为N，格式为DDDFF；纬度的类型为N，格式为DDFF，其中D为度，F为分；东经以正数表示，西经以负数表示；北纬以正数表示，南纬以负数表示，如“12136”，“3921”。

3 百合种质资源数据质量控制规范制定的原则和方法

3.1 原则

3.1.1 采集的数据应具有系统性、可比性和可靠性。

3.1.2 数据质量控制以过程控制为主，兼顾结果控制。

3.1.3 数据质量控制方法应具有可操作性。

3.2 方法和要求

3.2.1 鉴定评价方法以现行国家标准和行业标准为首选依据；如无国家标准和行业标准，则以国际标准或国内比较公认的先进方法为依据。

3.2.2 每个描述符的质量控制应包括田间设计，样本数或群体大小，时间或时期，取样数和取样方法，计量单位、精度和允许误差，采用的鉴定评价规范和标准，采用的仪器设备，性状的观测和等级划分方法，数据校验和数据分析。

二　百合种质资源描述简表

序号	代号	描述符	描述符性质	单位或代码
1	101	全国统一编号	M	
2	102	种质圃编号	M	
3	103	引种号	C/国外种质	
4	104	采集号	C/野生资源和地方品种	
5	105	种质名称	M	
6	106	种质外文名	M	
7	107	科名	M	
8	108	属名	M	
9	109	学名	M	
10	110	原产国	M	
11	111	原产省	M	
12	112	原产地	M	
13	113	海拔	C/野生资源和地方品种	m
14	114	经度	C/野生资源和地方品种	
15	115	纬度	C/野生资源和地方品种	
16	116	来源地	M	
17	117	保存单位	M	
18	118	保存单位编号	M	
19	119	系谱	C/选育品种或品系	
20	120	选育单位	C/选育品种或品系	
21	121	育成年份	C/选育品种或品系	
22	122	选育方法	C/选育品种或品系	
23	123	种质类型	M	1:野生资源　2:地方品种　3:选育品种 4:品系　5:遗传材料　6:其他
24	124	图像	O	
25	125	观测地点	M	

（续表）

序号	代号	描述符	描述符性质	单位或代码
26	201	株高	M	cm
27	202	株幅	M	cm
28	203	茎粗	M	cm
29	204	茎斑点	M	0:无　1:条　2:点
30	205	茎主色	M	1:绿色　2:紫绿色　3:紫色 4:紫褐色
31	206	茎次色	O	1:红色　2:紫色　3:紫红色
32	207	茎茸毛	M	0:无　1:有
33	208	鳞茎形状	M	1:扁圆球　2:圆球
34	209	鳞茎横径	M	cm
35	210	鳞茎纵径	M	cm
36	211	鳞茎小鳞茎数	M	个
37	212	小鳞茎鳞片数	M	片
38	213	茎生小鳞茎	O	0:无　1:有
39	214	鳞片形状	M	1:近圆形　2:阔卵形　3:披针形
40	215	鳞片色	M	1:白色　2:淡黄色　3:紫色
41	216	鳞片长	M	cm
42	217	鳞片宽	M	cm
43	218	鳞片厚	O	cm
44	219	鳞片节	O	0:无　1:有
45	220	单鳞茎重	M	g
46	221	茎叶片数	M	片
47	222	叶着生方式	M	1:对生　2:互生　3:轮生
48	223	叶着生方向	M	1:下垂　2:平展　3:半直立 4:直立
49	224	叶形	M	1:剑形　2:条形　3:披针形 4:椭圆形
50	225	叶色	M	1:绿色　2:深绿色
51	226	叶面光泽	O	0:无　1:有
52	227	叶缘起伏	O	1:平　2:波状
53	228	叶扭曲	O	1:平　2:扭曲
54	229	叶茸毛	O	0:无　1:有

（续表）

序号	代号	描述符	描述符性质	单位或代码
55	230	叶长	M	cm
56	231	叶宽	M	cm
57	232	珠芽	O	0:无　1:有
58	233	珠芽颜色	O	1:绿色　2:紫色　3:紫褐色
59	234	花序类型	M	1:总状花序　2:圆锥花序 3:伞状花序
60	235	花葶长	M	cm
61	236	花葶分枝数	M	枝
62	237	单枝花蕾数	M	个
63	238	花着生方式	M	1:单生　2:簇生
64	239	花着生状态	M	1:下垂　2:平伸　3:直立
65	240	花梗粗度	M	cm
66	241	花梗茸毛	M	0:无　1:有
67	242	花蕾形状	M	1:椭圆形　2:卵状椭圆形 3:长椭圆形　4:矩圆形
68	243	花蕾长度	M	cm
69	244	花蕾直径	M	cm
70	245	花径	M	cm
71	246	花被片数	M	个
72	247	外花被片长度	M	cm
73	248	外花被片宽度	M	cm
74	249	外花被片状态	M	1:平展　2:翻卷
75	250	花被片端部形状	M	1:尖　2:钝尖　3:圆 4:凹缺
76	251	花被片茸毛	O	0:无　1:有
77	252	外被片基部色	O	1:白色　2:绿白色　3:黄色 4:绿黄色　5:红色　6:粉红色 7:橙红色　8:橘红色　9:洋红色 10:石榴红色　11:紫红色　12:紫色

（续表）

序号	代号	描述符	描述符性质	单位或代码
78	253	外被片中部色	O	1:白色 2:绿白色 3:黄色 4:绿黄色 5:红色 6:粉红色 7:橙红色 8:橘红色 9:洋红色 10:石榴红色 11:紫红色 12:紫色
79	254	外被片外侧色	O	1:白色 2:黄色 3:红色 4:紫红色 5:紫色
80	255	内被片中基部色	O	1:白色 2:绿白色 3:黄色 4:绿黄色 5:红色 6:粉红色 7:橙红色 8:橘红色 9:洋红色 10:石榴红色 11:紫红色 12:紫色
81	256	内被片外侧色	O	1:白色 2:黄色 3:红色 4:紫色
82	257	外被片斑点数	O	0:无 1:少 2:中 3:多
83	258	内被片斑点数	O	0:无 1:少 2:中 3:多
84	259	斑点大小	M	0:无 1:条 2:点
85	260	斑点颜色	M	1:深红色 2:紫色 3:紫褐色 4:紫黑色 5:褐色 6:黑色
86	261	花被片缘波状	O	0:无 1:小 2:中 3:大
87	262	花被片内卷	O	1:尖端 2:末梢 3:整个花被片
88	263	花被片反卷	O	1:弱 2:中 3:强
89	264	花香	M	0:无 1:淡 2:中 3:浓
90	265	花柱颜色	O	1:白色 2:黄色 3:黄绿色 4:绿色 5:橙色 6:橙红色 7:粉红色 8:红色 9:紫红色 10:紫色 11:紫褐色
91	266	花柱长度	O	cm
92	267	柱头颜色	O	1:灰色 2:绿色 3:橙色 4:紫红色 5:紫色 6:黑紫色 7:褐色 8:白色
93	268	雄蕊数目	O	个

（续表）

序号	代号	描述符	描述符性质	单位或代码
94	269	雄蕊瓣化	O	0:无　1:有
95	270	花药长度	O	cm
96	271	花药宽度	O	cm
97	272	花药颜色	O	1:橙色　2:红褐色　3:褐色 4:紫色
98	273	花粉	O	0:无　1:有
99	274	花粉颜色	O	1:浅黄色　2:黄色　3:橙色 4:浅褐色　5:橙棕色　6:红褐色 7:黑褐色
100	275	花丝颜色	O	1:白色　2:绿色　3:黄绿色 4:黄色　5:橘红色　6:玫瑰红色 7:粉红色　8:红色　9:紫红色 10:紫色　11:紫褐色
101	276	花丝长度	O	cm
102	277	柱头对花药位置	O	1:低　2:等高　3:高
103	278	蜜腺两侧突起	O	0:无　1:有
104	279	蜜腺沟颜色	O	1:白色　2:绿色　3:黄绿色 4:黄色　5:橘黄色　6:粉红色 7:红色　8:紫红色　9:紫色 10:紫褐色
105	280	花期长短	M	d
106	281	蒴果形状	M	1:椭圆　2:长椭圆
107	282	蒴果直径	M	cm
108	283	果柄长	M	cm
109	284	育性	O	1:全不育　2:雄性不育　3:雌性不育 4:可育
110	285	种子发育	O	1:瘪　2:饱满
111	286	种子千粒重	O	g
112	287	种皮色	O	1:褐色　2:黑色　3:白色
113	288	花单产	M	枝/亩*

* 1 亩≈667m^2,15 亩=1hm^2,全书同

（续表）

序号	代号	描述符	描述符性质	单位或代码
114	289	鳞茎单产	M	kg/亩
115	290	形态一致性	M	1:一致　　2:持续的变异 3:不持续的变异
116	291	繁殖方式	M	1:鳞茎繁殖　　2:鳞片扦插 3:珠芽繁殖　　4:种子
117	292	播种期	C/种 球繁殖	
118	293	定植期	M	
119	294	鳞茎收获期	M	
120	295	始花期	M	
121	296	盛花期	M	
122	297	末花期	M	
123	298	种子收获期	O	
124	301	鳞茎干物质含量	O	%
125	302	鳞茎淀粉含量	O	%
126	303	鳞茎维生素 C 含量	O	10^{-2}mg/g
127	304	鳞茎粗蛋白含量	O	%
128	305	鳞茎可溶性糖含量	O	%
129	306	食用鳞茎耐贮藏性	O	3:强　　5:中　　7:弱
130	307	观赏种球耐贮藏性	O	3:强　　5:中　　7:弱
131	401	耐寒性	O	3:强　　5:中　　7:弱
132	402	耐热性	O	3:强　　5:中　　7:弱
133	403	耐旱性	O	3:强　　5:中　　7:弱
134	404	耐涝性	O	3:强　　5:中　　7:弱
135	405	耐盐性	O	3:强　　5:中　　7:弱
136	501	病毒病抗性	O	1:高抗　3:抗病　5:中抗　7:感病 9:高感

（续表）

序号	代号	描述符	描述符性质	单位或代码
137	502	灰霉病抗性	O	1:高抗　3:抗病　5:中抗　7:感病　9:高感
138	503	炭疽病抗性	O	1:高抗　3:抗病　5:中抗　7:感病　9:高感
139	504	软腐病抗性	O	1:高抗　3:抗病　5:中抗　7:感病　9:高感
140	505	疫病抗性	O	1:高抗　3:抗病　5:中抗　7:感病　9:高感
141	506	枯斑(叶烧)病抗性	O	1:高抗　3:抗病　5:中抗　7:感病　9:高感
142	507	青霉腐烂病抗性	O	1:高抗　3:抗病　5:中抗　7:感病　9:高感
143	601	用途	M	1:鲜食　2:加工　3:观赏　4:药用
144	602	核型	O	
145	603	指纹图谱与分子标记	O	
146	604	备注	O	

三　百合种质资源描述规范

1　范围

本规范规定了百合种质资源的描述符及其分级标准。

本规范适用于百合种质资源的收集、整理和保存，数据标准和数据质量控制规范的制定，以及数据库和信息共享网络系统的建立。

2　规范性引用文件

下列文件中的条款通过本规范的引用而成为本规范的条款。凡是注日期的引用文件，其随后所有的修改单（不包括勘误的内容）或修订版均不适用于本规范，然而，鼓励根据本规范达成协议的各方研究是否可使用这些文件的最新版本。凡是不注日期的引用文件，其最新版本适用于本规范。

ISO 3166 Codes for the Representation of Names of Countries

GB/T 2260 中华人民共和国行政区划代码

GB/T 12404 单位隶属关系代码

GB/T 8854—1988 蔬菜名称（一）

GB/T 10466—1989 蔬菜、水果形态学和结构学术语（一）

GB/T 3543—1995 农作物种子检验规程

3　术语和定义

3.1　百合

百合为百合科（Liliaceae）百合属（*Lilium*）种、变种和品种的统称。别名夜合、中蓬花、蒜脑薯、山蒜头等，古名番韭。主要食用部位为鳞茎，花可供观赏、食用。染色体基数 $x=12$，大多数种类为二倍体，$2n=2x=24$，卷丹、兰州百合等为三倍体。

3.2　百合种质资源

百合野生资源、地方品种、选育品种、品系、遗传材料等。

3.3　基本信息

百合种质资源基本情况描述信息，包括全国统一编号、种质名称、学名、原产地、种质类型等。

3.4　形态特征和生物学特性

百合种质资源的物候期、植物学形态、产量性状等特征特性。

3.5　品质特性

百合种质资源产品器官的商品品质、感官品质和营养品质性状。商品品质性状主要指食用百合鳞茎的外观品质、切花外观品质、花枝长度；感官品质性状主要指食用百合鳞茎的甜美度、苦味度、少纤维。营养品质性状包括干物质含量、淀粉含量、维生素 C 含量、粗蛋白质含量、可溶性糖含量。

3.6　抗逆性

百合种质资源对各种非生物胁迫的适应或抵抗能力，包括耐寒性、耐热性、耐旱性、耐涝性和耐盐性。

3.7　抗病虫性

百合种质资源对各种生物胁迫的适应或抵抗能力，包括对病毒病、灰霉病、炭疽病、软腐病、疫病、枯斑病和青霉腐烂病等的抗性。

3.8　生育周期

百合的生育周期都可分为 6 个时期：播种越冬期、幼苗期、珠芽期、盛花期、成熟收获期和生理休眠期。现以卷丹（宜兴百合）[*Lilium lancifolium* Thunb.（*L. tigrinum* Ker-Gawl.）] 为例，说明百合各生育期的生长习性。

百合感温性强，感光性弱，需经低温阶段，即越冬期。播后在土中越冬至次年 3 月中下旬出苗。这一时期仔鳞茎的底盘生出种子根，即“下盘根”。仔鳞茎中心鳞片腋间，地上茎的芽开始缓慢生长，并分化叶片，但不长出土表。

幼苗期：从现苗到珠芽分化，即 3 月中、下旬至 5 月上、中旬为幼苗期。此时地上茎叶生长较快，苗茎的茎部开始分化出新的仔鳞茎芽。当苗高 10cm 以上时，地上茎入土部分长出茎生根，即“上盘根”。“上盘根”、“下盘根”、仔鳞茎和茎叶同时生长。

珠芽期（卷丹、淡黄花百合等具有该特征）：从珠芽开始分化到珠芽成熟，一般于 5 月上、中旬至 6 月中、下旬。茎高 30 ~ 40cm，珠芽在叶腋内出现，一般珠芽在 40 ~ 50 片叶腋间。珠芽生长时，摘除茎顶芽，生长速度加快，一般 30 天成熟，如不采收，珠芽自动脱落。珠芽期地下新的幼鳞茎迅速膨大，使种鳞茎的鳞片分裂、突出，形成新的鳞茎体。

开花期：6 月上旬现蕾，7 月上旬始花，7 月中旬盛花，7 月下旬末花。此时地下新的鳞茎迅速膨大。现蕾时茎高 80cm 左右，开花期茎高 100cm 以上。整个生育期总叶片为 90 ~ 120 片。

成熟期：末花后，于9月上、中旬开始，地上茎叶陆续进入枯萎期，鳞茎进入成熟。

鳞茎收获后进入生理休眠期。

4　基本信息

4.1　全国统一编号

种质的唯一标识号，百合种质资源的全国统一编号由“V12E”加4位顺序号组成。

4.2　种质圃编号

百合种质资源在农作物种质资源百合圃中的编号，由“V12E”加4位顺序号组成。

4.3　引种号

百合种质从国外引入时赋予的编号。

4.4　采集号

百合种质在野外采集时赋予的编号。

4.5　种质名称

百合种质的中文名称。

4.6　种质外文名

国外引进种质的外文名或国内种质的汉语拼音名。

4.7　科名

百合科（Liliaceae）。

4.8　属名

百合属（*Lilium*）。

4.9　学名

百合种类或品种拉丁学名或品种名。

百合学名为 *Lilium* spp.

4.10　原产国

百合种质原产国家名称、地区名称或国际组织名称。

4.11　原产省

国内百合种质原产省份名称；国外引进种质原产国家一级行政区的名称。

4.12　原产地

国内百合种质的原产县、乡、村名称。

4.13　海拔

百合种质原产地的海拔高度，单位为m。

4.14 经度

百合种质原产地的经度，单位为（°）和（′）。格式为 DDDFF，其中 DDD 为度，FF 为分。

4.15 纬度

百合种质原产地的纬度，单位（°）和（′）。格式为 DDFF，其中 DD 为度，FF 为分。

4.16 来源地

国外引进百合种质的来源国家名称，地区名称或国际组织名称；国内种质的来源省、县名称。

4.17 保存单位

百合种质提交国家种质资源圃前的原保存单位名称。

4.18 保存单位编号

百合种质原保存单位赋予的种质编号。

4.19 系谱

百合选育品种（系）的亲缘关系。

4.20 选育单位

选育百合品种（系）的单位名称或个人。

4.21 育成年份

百合品种（系）培育成功的年份。

4.22 选育方法

百合品种（系）的育种方法。

4.23 种质类型

百合种质类型分为 6 类。

1 野生资源
2 地方品种
3 选育品种
4 品系
5 遗传材料
6 其他

4.24 图像

百合种质的图像文件名。图像格式为 . jpg。

4.25 观测地点

百合种质形态特征和生物学特性观测地点的名称。

5 形态特征和生物学特性

5.1 株高

盛花期，植株自然状态下，从地面基部至植株顶端最高处的垂直距离，即自然高度（图1）。单位为 cm。

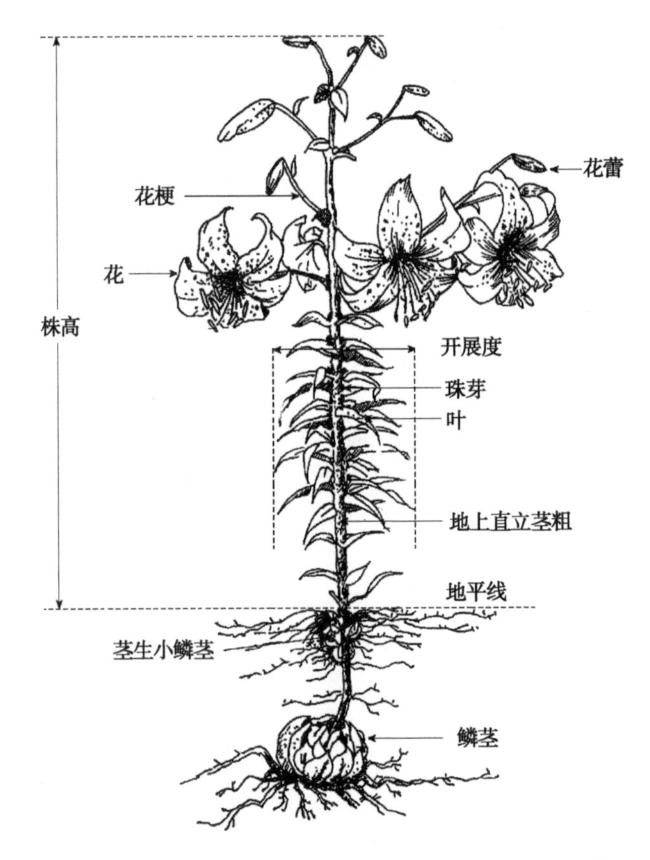

图1 株高、开展度、地上直立茎粗、茎生小鳞茎、珠芽

5.2 株幅

盛花期，植株自然状态下垂直投影的最大宽度（图1）。单位为 cm。

5.3 茎粗

盛花期，地上直立茎自地面向上 1/3 处的最大直径（图1）。单位为 cm。

5.4 茎斑点

盛花期，植株地上直立茎上斑点的有、无及形状，分为：

0 无

1 条

2 点

5.5 茎主色

盛花期，植株地上直立茎的主色。

1 绿色

2 紫绿色

3 紫色

4 紫褐色

5.6 茎次色

盛花期，植株地上直立茎主色外的次要颜色。

1 红色

2 紫色

3 紫红色

5.7 茎茸毛

盛花期，植株地上直立茎上有无茸毛。

0 无

1 有

5.8 鳞茎形状

鳞茎收获期，成熟鳞茎的形状。

1 扁圆球

2 圆球

5.9 鳞茎横径

鳞茎收获期，成熟鳞茎横向最大直径（图 2）。单位为 cm。

5.10 鳞茎纵径

鳞茎收获期，成熟鳞茎基部至顶部的高度（图 2）。单位为 cm。

5.11 鳞茎小鳞茎数

鳞茎收获期，成熟鳞茎的小鳞茎个数。单位为个。

5.12 小鳞茎鳞片数

鳞茎收获期，单个成熟鳞茎的小鳞茎上鳞片的个数。单位为片。

5.13 茎生小鳞茎

鳞茎收获期，地上茎基入土部分产生小鳞茎的有无（图 1）。

0 无

1 有

5.14 鳞片形状

鳞茎收获期，成熟鳞茎上鳞片的形状。

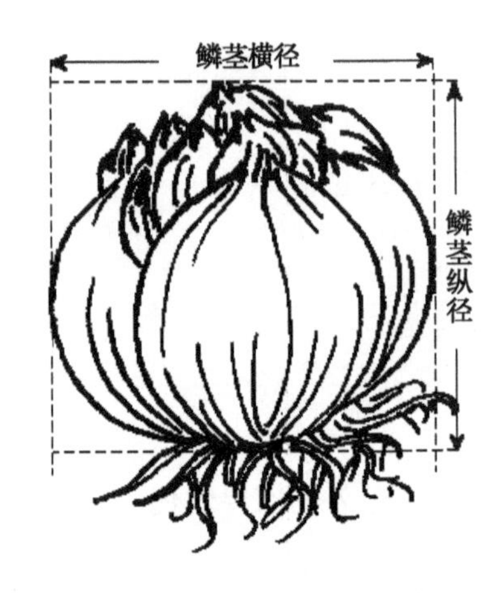

图 2　鳞茎横径、鳞茎纵径

1　近圆形

2　阔卵形

3　披针形

5.15　鳞片色

鳞茎收获期，成熟鳞茎上外层鳞片的颜色。

1　白色

2　淡黄色

3　紫色

5.16　鳞片长

鳞茎收获期，成熟鳞茎上外层鳞片的基部到顶部的长度。单位为 cm。

5.17　鳞片宽

鳞茎收获期，成熟鳞茎上外层鳞片的最大宽度。单位为 cm。

5.18　鳞片厚

鳞茎收获期，成熟鳞茎上外层鳞片的最大厚度。单位为 cm。

5.19　鳞片节

鳞茎收获期，成熟鳞茎上鳞片节的有无。

0　无

1　有

5.20　单鳞茎重

鳞茎收获期，单个成熟鳞茎的重量。单位为 g。

5.21　茎叶片数

盛花期，植株地上直立茎上叶片的数量。单位为片。

5.22 叶着生方式

盛花期，发育正常的叶片在地上直立茎上的排列方式（图3）。

1　对生

2　互生

3　轮生

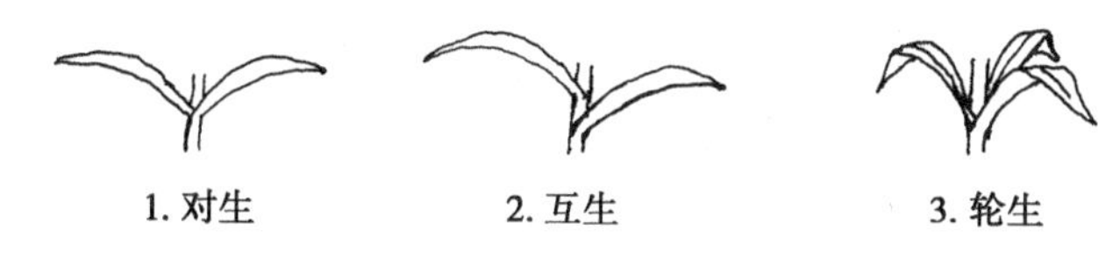

图3　叶着生方式

5.23 叶着生方向

盛花期，发育正常的叶片生长相对茎的着生状态（图4）。

1　下垂

2　平展

3　半直立

4　直立

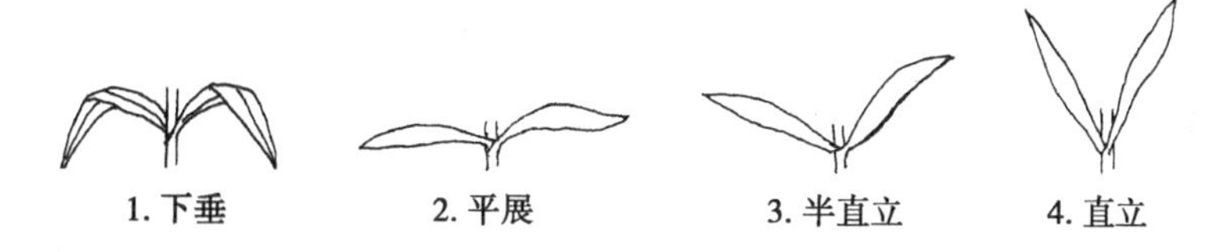

图4　叶着生方向

5.24 叶形

盛花期，植株成熟叶片的形状（图5）。

1　剑形

2　条形

3　披针形

4　椭圆形

5.25 叶色

盛花期，植株成熟叶片正面的颜色。

1　绿

2　深绿

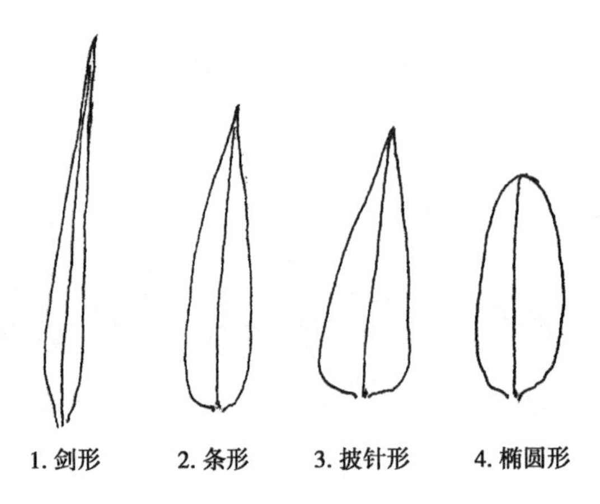

图 5　叶形

5.26　叶面光泽

盛花期，植株成熟叶片正面有无光泽。

0　　无

1　　有

5.27　叶缘起伏

盛花期，植株成熟叶片的叶缘是否起伏（图 6）。

1　　平

2　　波状

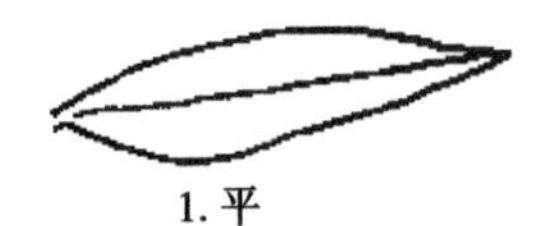

2. 波状

图 6　叶缘起伏

5.28　叶扭曲

盛花期，植株成熟叶片的是否扭曲（图 7）。

1　　平

2　　扭曲

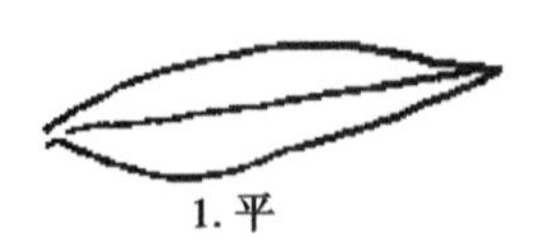

图 7　叶扭曲

5.29　叶茸毛

盛花期，植株成熟叶片背部有无茸毛。

0　　无

1　　有

5.30　叶长

盛花期，植株生长正常的最大叶片的基部至叶尖的长度（图8）单位为cm。

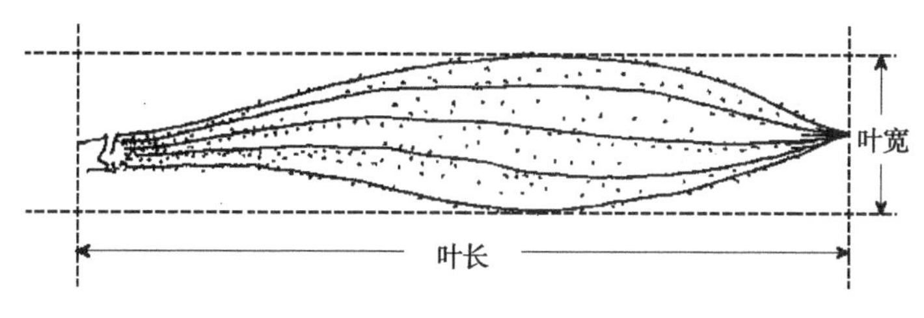

图8　叶长、叶宽

5.31　叶宽

盛花期，植株生长正常的最大叶片的宽度（图8）。单位为cm。

5.32　珠芽

鳞茎收获期，植株地上直立茎叶腋着生珠芽的有无（图1）。

0　　无

1　　有

5.33　珠芽颜色

鳞茎收获期，植株成熟珠芽的颜色。

1　　绿色

2　　紫色

3　　紫褐色

5.34　花序类型

盛花期，植株的花序类型。

1　　总状花序

2　　圆锥花序

3　　伞状花序

5.35　花葶长

盛花期，植株从第一朵花梗基部至最顶端花朵花梗处的自然高度（图9）。单位为cm。

5.36　花葶分枝数

盛花期，植株花葶分枝个数。单位为枝。

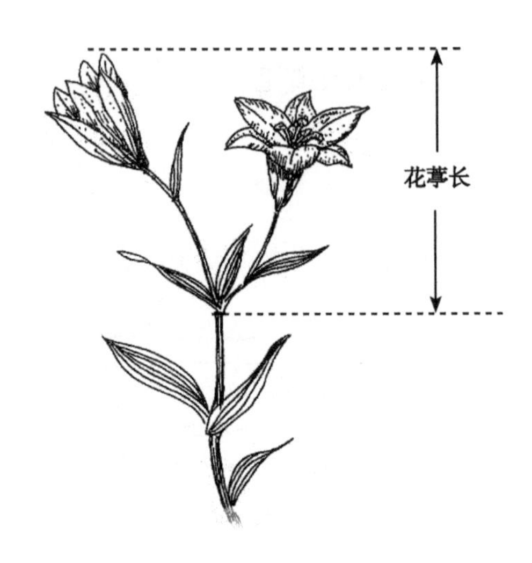

图 9　花葶长

5.37　单枝花蕾数

盛花期，植株单株花蕾个数。单位为个。

5.38　花着生方式

盛花期，植株花朵在花葶上的排列方式。

1　单生

2　簇生

5.39　花着生状态

盛花期，植株花朵相对花葶的着生状态。

1　下垂

2　平伸

3　直立

5.40　花梗粗度

盛花期，植株支撑花朵的短枝的直径。单位为 cm。

5.41　花梗茸毛

盛花期，植株支撑花朵的短枝表面有无着生茸毛。

0　无

1　有

5.42　花蕾形状

植株花朵开花前，花蕾的形状（图 10）。

1　椭圆形

2　卵状椭圆形

3　　长椭圆形

4　　矩圆形

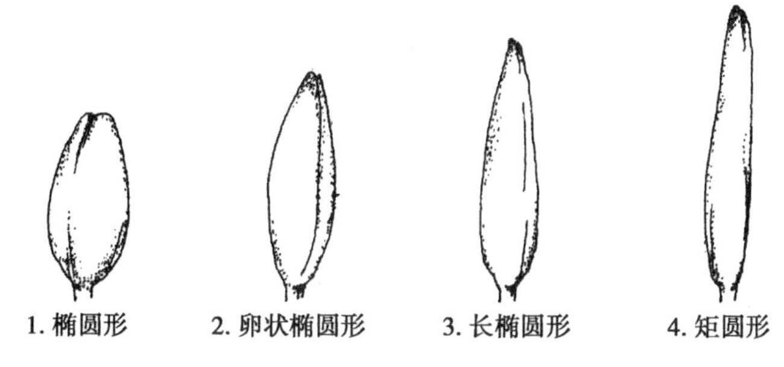

图 10　花蕾形状

5.43　花蕾长度

植株花朵开花前，花蕾的最大长度（图 11）。单位为 cm。

5.44　花蕾直径

植株花朵开花前，花蕾的最大直径（图 11）。单位为 cm。

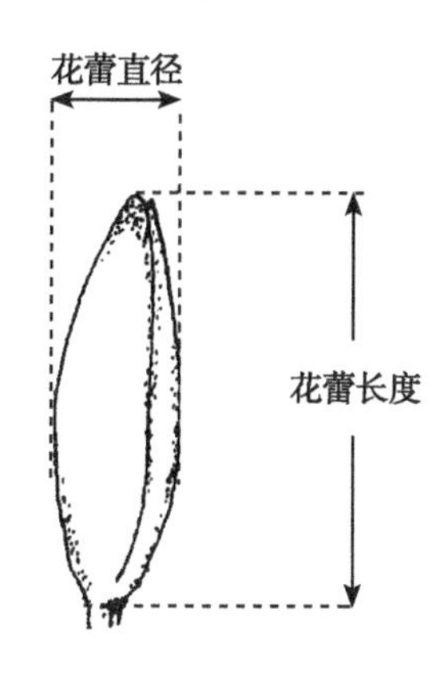

图 11　花蕾长度和直径

5.45　花径

植株花朵开花后，花朵的最大直径（图 12）。单位为 cm。

5.46　花被片数

植株花朵开放时，花被片个数。单位为个。

5.47　外花被片长度

植株花朵开放时，最大外被片伸直的长度（图 13）。单位为 cm。

5.48　外花被片宽度

植株花朵开放时，最大外被片伸直的宽度（图 13）。单位为 cm。

图 12　花径

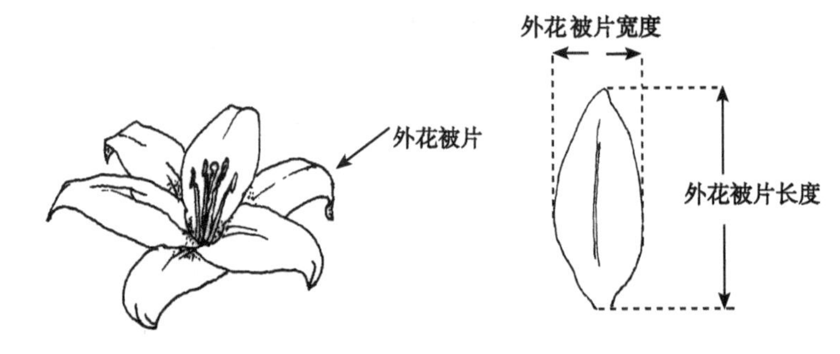

图 13　外花被片长度和宽度

5.49 外花被片状态

植株花朵开放时，花朵外被片的形状（图 14）。

1　平展

2　翻卷

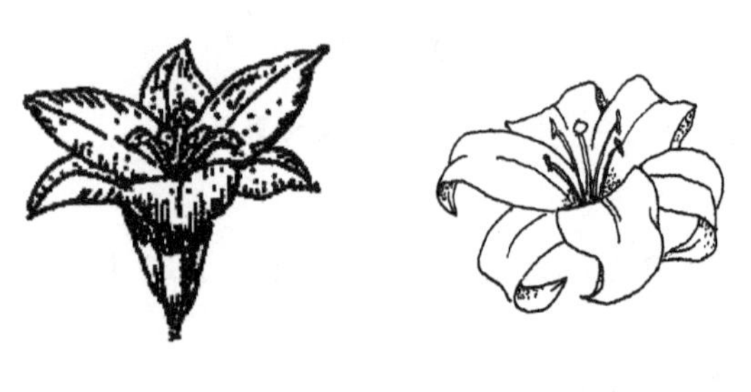

图 14　外花被片状态

5.50　花被片端部形状

植株花朵开放时，花被片尖端的形状。

1　　尖
2　　钝尖
3　　圆
4　　凹缺

5.51　花被片茸毛

植株花朵开放时，花被片有无茸毛（图 15）。

0　　无
1　　有

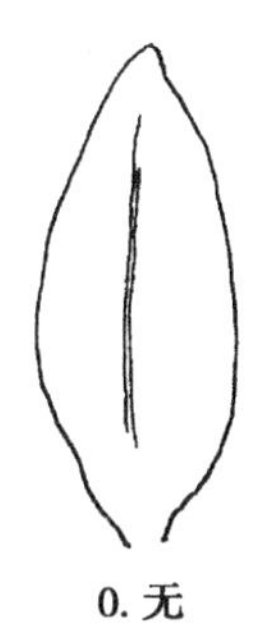

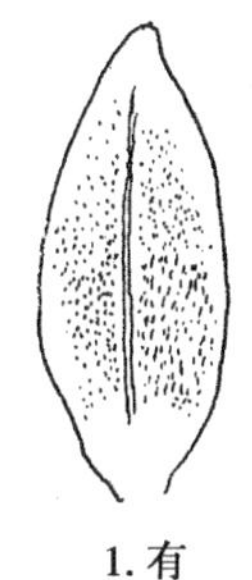

图 15　花被片茸毛

5.52　外被片基部色

植株花朵开放时，花朵外被片基部的颜色。

1　　白色
2　　绿白色
3　　黄色
4　　绿黄色
5　　红色
6　　粉红色
7　　橙红色
8　　橘红色
9　　洋红色
10　石榴红色
11　紫红色
12　紫色

5.53　外被片中部色

植株花朵开放时，花朵外被片中部的颜色。

1　　白色

2　绿白色
3　黄色
4　绿黄色
5　红色
6　粉红色
7　橙红色
8　橘红色
9　洋红色
10　石榴红色
11　紫红色
12　紫色

5.54　外被片外侧色

植株花朵开放时，花朵外被片外侧的颜色。

1　白色
2　黄色
3　红色
4　紫红色
5　紫色

5.55　内被片中基部色

植株花朵开放时，花朵内被片中部和基部的颜色。

1　白色
2　绿白色
3　黄色
4　绿黄色
5　红色
6　粉红色
7　橙红色
8　橘红色
9　洋红色
10　石榴红色
11　紫红色
12　紫色

5.56　内被片外侧色

植株花朵开放时，花朵内被片外侧的颜色。

1　白色

2　黄色

3　红色

4　紫色

5.57　外被片斑点数

植株花朵开放时，花朵外被片斑点的有无及多少。

0　无

1　少

2　中

3　多

5.58　内被片斑点数

植株花朵开放时，花朵内被片斑点的有无及多少。

0　无

1　少

2　中

3　多

5.59　斑点大小

植株花朵开放时，花被片上斑点的有无及形状。

0　无

1　条

2　点

5.60　斑点颜色

植株花朵开放时，花被片上斑点的颜色。

1　深红色

2　紫色

3　紫褐色

4　紫黑色

5　褐色

6　黑色

5.61　花被片缘波状

植株花朵开放时，花被片边缘波状的有无及大小。

0　无

1　小

2　中

3　大

5.62 花被片内卷

植株花朵开放时，花被片向内翻卷的部位。

1　　尖端

2　　末梢

3　　整个花被片

5.63 花被片反卷

植株花朵开放时，花被片向外翻卷的程度（图 16）。

1　　弱

2　　中

3　　强

1. 弱

2. 中

3. 强

图 16　花被片反卷

5.64 花香

植株花朵开放时，花朵香味的有无及程度。

0　　无

1　　淡

2　　中

3　　浓

5.65 花柱颜色

植株花朵开放时，花柱的颜色。

1　　白色

2　　黄色

3　　黄绿色

4　　绿色

5　　橙色

6　　橙红色

7　　粉红色

8　　红色

9　　紫红色

10 紫色
11 紫褐色

5.66 花柱长度

植株花朵开放时，花朵柱头至子房顶部的长度（图17）。单位cm。

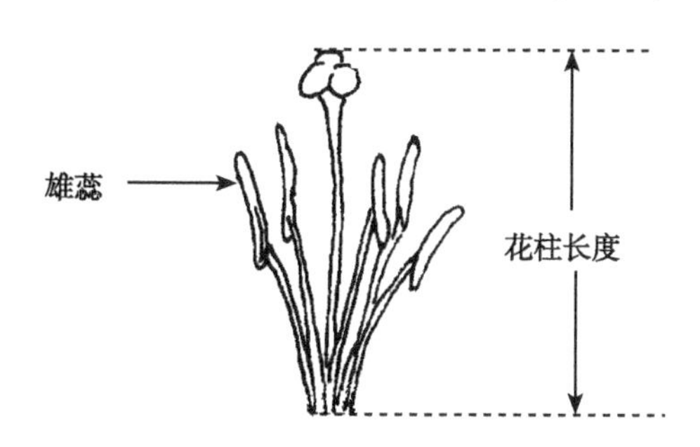

图17 花柱长度、雄蕊

5.67 柱头颜色

植株花朵开放时，花朵柱头的颜色。

1 灰色
2 绿色
3 橙色
4 紫红色
5 紫色
6 黑紫色
7 褐色
8 白色

5.68 雄蕊数目

植株花朵开放时，雄蕊的个数（图17）。单位个。

5.69 雄蕊瓣化

植株花朵开放时，雄蕊花瓣化的有无。

0 无
1 有

5.70 花药长度

植株花朵开放时，花药的长度（图18）。单位cm。

5.71 花药宽度

植株花朵开放时，花药的宽度（图18）。单位cm。

5.72 花药颜色

植株花朵开放时，花药的颜色。

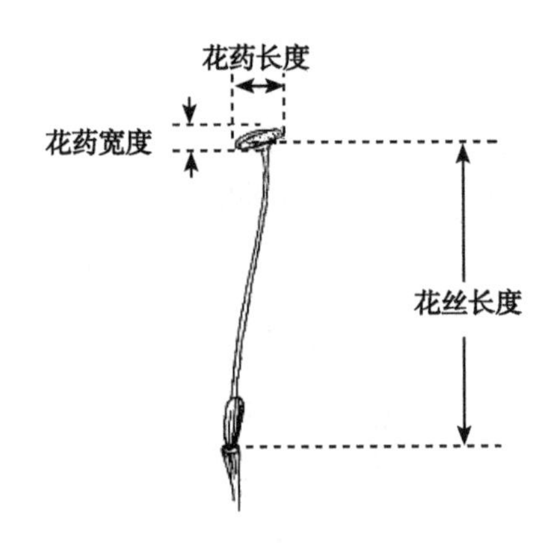

图 18　花药长度、花药高度、花丝长度

1　橙色
2　红褐色
3　褐色
4　紫色

5.73　花粉

植株花朵开放时，雄蕊上花粉的有无。

0　无
1　有

5.74　花粉颜色

植株花朵开放时，花粉的颜色。

1　浅黄色
2　黄色
3　橙色
4　浅褐色
5　橙棕色
6　红褐色
7　黑褐色

5.75　花丝颜色

植株花朵开放时，花丝的颜色。

1　白色
2　绿色
3　黄绿色
4　黄色

5　橘红色

6　玫瑰红色

7　粉红色

8　红色

9　紫红色

10　紫色

11　紫褐色

5.76　花丝长度

植株花朵开放时，花丝的长度（图 18）。单位 cm。

5.77　柱头对花药位置

植株花朵开放时，柱头相对花药的位置（图 19）。

1　低

2　等高

3　高

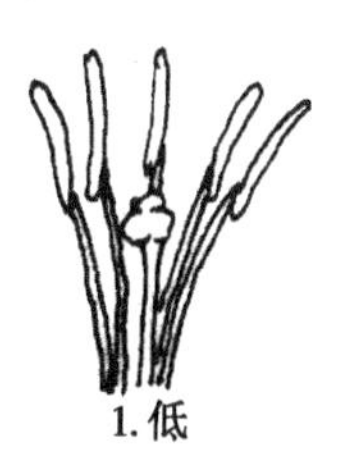

3. 高

图 19　柱头对花药位置

5.78　蜜腺两侧突起

植株花朵开放时，花朵蜜腺两侧有无突起 。

0　无

1　有

5.79　蜜腺沟颜色

植株花朵开放时，花朵蜜腺沟的颜色。

1　白色

2　绿色

3　黄绿色

4　黄色

5　橘黄色

6　粉红色

7　红色

8　紫红色

9　紫色

10　紫褐色

5.80　花期长短

百合群体始花期到末花期的时间。单位为 d。

5.81　蒴果形状

百合植株成熟蒴果的形状。

1　椭圆

2　长椭圆

5.82　蒴果直径

百合植株成熟蒴果的最大直径。单位为 cm。

5.83　果柄长

百合植株成熟蒴果果柄的长度。单位为 cm。

5.84　育性

植株开花时，能否产生功能正常的花粉和子房的特性。

1　全不育

2　雄性不育

3　雌性不育

4　可育

5.85　种子发育

果实成熟的生长正常种子发育的情况。

1　瘪

2　饱满

5.86　种子千粒重

自然干燥的1 000粒成熟百合种子的质量。单位为 g。

5.87　种皮色

鳞茎收获期，植株成熟的生长正常的种子种皮的颜色。

1　褐色

2　黑色

3　白色

5.88　花单产

单位面积上收获的新鲜花枝单枝平均花苞数，单位为枝/亩*。

---

* 1 亩≈667m^2，15 亩＝1hm^2，全书同

5.89　鳞茎单产

单位面积上收获的新鲜成熟鳞茎的重量，单位为 kg/亩。

5.90　形态一致性

种质群体内，单株间的形态一致性。

1　一致

2　持续的变异

3　不持续的变异

5.91　繁殖方式

百合种质的常规繁殖方式。

1　鳞茎繁殖

2　鳞片扦插

3　珠芽繁殖

4　种子

5.92　播种期

进行百合种质资源形态特征和生物学特性鉴定时，繁殖器官的播种日期，以“年月日”表示，格式为“YYYYMMDD”。

5.93　定植期

进行百合种质资源形态特征和生物学特性鉴定时，繁殖器官的定植日期，以“年月日”表示，格式为“YYYYMMDD”。

5.94　鳞茎收获期

小区鳞茎一次性收获的日期，以“年月日”表示，格式为“YYYYMMDD”。

5.95　始花期

进行百合种质形态特征和生物学形态鉴定时，种质群体中 10% 植株花苞开放的日期，以“年 月 日”表示，格式为“YYYYMMDD”。

5.96　盛花期

进行百合种质形态特征和生物学形态鉴定时，种质群体中 60% 植株花苞开放的日期，以“年 月 日”表示，格式为“YYYYMMDD”。

5.97　末花期

进行百合种质形态特征和生物学形态鉴定时，种质群体中 90% 植株花凋谢的日期，以“年 月 日”表示，格式为“YYYYMMDD”。

5.98　种子收获期

小区内种子一次性收获的日期，以“年月日”表示，格式为“YYYYMM-DD”。

6 品质特性

6.1 鳞茎干物质含量

成熟鳞茎的100g鳞片中干物质的含量，以%表示。

6.2 鳞茎淀粉含量

成熟鳞茎的鳞片中淀粉的含量，以%表示。

6.3 鳞茎维生素C含量

成熟鳞茎的100g鳞片中维生素C的毫克数，单位为10^{-2}mg/g。

6.4 鳞茎粗蛋白含量

成熟鳞茎的鳞片中粗蛋白的含量，以%表示。

6.5 鳞茎可溶性糖含量

成熟鳞茎的鳞片中可溶性糖的含量，以%表示。

6.6 食用鳞茎耐贮藏性

成熟鳞茎在一定的贮藏条件下和一定的贮藏期限内保持新鲜和商品性的能力。

3 强
5 中
7 弱

6.7 观赏种球耐贮藏性

成熟种球在一定的贮藏条件下和一定的贮藏期限内保持新鲜和商品性的能力。

3 强
5 中
7 弱

7 抗逆性

7.1 耐寒性

百合植株忍耐或抵抗低温或寒冻的能力。

3 强
5 中
7 弱

7.2 耐热性

百合植株忍耐或抵抗高温的能力。

3 强
5 中
7 弱

7.3 耐旱性

百合植株忍耐或抵抗干旱的能力。

3 强
5 中
7 弱

7.4 耐涝性

百合植株忍耐或抵抗多湿水涝的能力。

3 强
5 中
7 弱

7.5 耐盐性

百合植株忍耐或抵抗盐碱的能力。

3 强
5 中
7 弱

8 抗病虫性

8.1 病毒病抗性

百合植株对黄瓜花叶病毒病（*Cucumber mosaic virus*）、百合无症病毒（*Lily symptomleses virus* LSV），百合斑驳病毒（*Lily mottle virus* LMoV），百合丛簇病毒病（*Lily rosette virus*）的水平抗性强弱。

1 高抗（HR）
3 抗病（R）
5 中抗（MR）
7 感病（S）
9 高感（HS）

8.2 灰霉病抗性

百合植株对灰霉病（*Botrytis porri*）的抗性强弱。

1 高抗（HR）
3 抗病（R）
5 中抗（MR）
7 感病（S）
9 高感（HS）

8.3 炭疽病抗性

百合植株对炭疽病（*Anthracnose*）的抗性强弱。

1　高抗（HR）
3　抗病（R）
5　中抗（MR）
7　感病（S）
9　高感（HS）

8.4 软腐病抗性

百合植株对软腐病（*Bulb rots*）的抗性强弱。

1　高抗（HR）
3　抗病（R）
5　中抗（MR）
7　感病（S）
9　高感（HS）

8.5 疫病抗性

百合植株对疫病（*Phytophthora Blight*）的抗性强弱。

1　高抗（HR）
3　抗病（R）
5　中抗（MR）
7　感病（S）
9　高感（HS）

8.6 枯斑（叶烧）病抗性

百合植株对枯斑病（*Litter spot disease*）的抗性强弱。

1　高抗（HR）
3　抗病（R）
5　中抗（MR）
7　感病（S）
9　高感（HS）

8.7 青霉腐烂病抗性

百合植株对青霉腐烂病（*Penicillium rot disease*）的抗性强弱。

1　高抗（HR）
3　抗病（R）
5　中抗（MR）
7　感病（S）
9　高感（HS）

9　其他特征特性

9.1　用途

百合产品器官可被利用的类型。

1　鲜食
2　加工
3　观赏
4　药用

9.2　核型

表示染色体的数目、大小、形态和结构特征的公式。

9.3　指纹图谱与分子标记

百合种质指纹图谱和重要性状的分子标记类型及其特征参数。

9.4　备注

百合种质特殊描述符或特殊代码的具体说明。

四　百合种质资源数据标准

序号	代号	描述符	字段名	字段英文名	字段类型	字段长度	字段小数位	单位	代码	代码英文名	例子
1	101	全国统一编号	统一编号	Accession number	C	8					V12E0001
2	102	种质圃编号	种质圃编号	Nusery number	C	8					N12E0001
3	103	引种号	引种号	Introduction number	C	8					19940001
4	104	采集号	采集号	Collecting number	C	10					1999083425
5	105	种质名称	种质名称	Accession name	C	30					岷江百合
6	106	种质外文名	种质外文名	Alien name	C	40					Min Jiang Bai He
7	107	科名	科名	Family	C	30					liliaceae（百合科）
8	108	属名	属名	Genus	C	30					*Lilium* L.（百合属）
9	109	学名	学名	Species	C	50					Lilium regale Wilson（岷江百合）

（续表）

序号	代号	描述符	字段名	字段英文名	字段类型	字段长度	字段小数位	单位	代码	代码英文名	例子
10	110	原产国	原产国	Country of origin	C	16					中国
11	111	原产省	原产省	Province of origin	C	6					四川省
12	112	原产地	原产地	Origin	C	20					四川省
13	113	海拔	海拔	Altitude	N	5	0	m			760～2200
14	114	经度	经度	Longitude	N	6	0				10343
15	115	纬度	纬度	Latitude	N	5	0				3156
16	116	来源地	来源地	Sample source	C	24					四川省
17	117	保存单位	保存单位	Donor institute	C	40					中国农业科学院蔬菜花卉研究所
18	118	保存单位编号	单位编号	Donor accession number	C	10					N12E0001
19	119	系谱	系谱	Pedigree	C	70					无性系
20	120	选育单位	选育单位	Breeding institute	C	40					山东省农业科学院蔬菜研究所
21	121	育成年份	育成年份	Releasing year	N	4	0				1978
22	122	选育方法	选育方法	Breeding methods	C	20					系选

（续表）

序号	代号	描述符	字段名	字段英文名	字段类型	字段长度	字段小数位	单位	代码	代码英文名	例子
23	123	种质类型	种质类型	Biological status of accession	C	12			1：野生资源 2：地方品种 3：选育品种 4：品系 5：遗传材料 6：其他	1：Wild 2：Traditional cultivar/Landrace 3：Advanced/improved cultivar 4：Breeding line 5：Genetic stocks 6：Other	地方品种
24	124	图像	图像	Image file name	C	30					V12E0001. jpg
25	125	观测地点	观测地点	Observation location	C	16					中国农业科学院蔬菜花卉研究所
26	201	株高	株高	Plant height	N	5	1	cm			73. 3
27	202	株幅	株幅	Crown width	N	5	1	cm			35. 1
28	203	茎粗	茎粗	Stem diameter	N	3	1	cm			5. 2
29	204	茎斑点	茎斑点	Stem fleck	C	2			0：无 1：条 2：点	0：Absent 1：Stripe 2：Speckle	无
30	205	茎主色	茎主色	Main color of main stem	C	4			1：绿色 2：紫绿色 3：紫色 4：紫褐色	1：Green 2：Purplish green 3：Purplish 4：Purplish brown	绿色
31	206	茎次色	茎次色	Sub-color of main stem	C	4			1：红色 2：紫色 3：紫红色	1：Red 2：Purplish 3：Purplish Red	紫红色

（续表）

序号	代号	描述符	字段名	字段英文名	字段类型	字段长度	字段小数位	单位	代码	代码英文名	例子
32	207	茎茸毛	茎茸毛	Villi on main stem	C	2			0：无 1：有	0：Absent 1：Present	无
33	208	鳞茎形状	鳞茎形状	Bulb shape	C	4			1：扁圆球 2：圆球	1：Flatly spherical 2：Spherical	扁圆形
34	209	鳞茎横径	鳞茎横径	Transverse diameter of bulb	N	4	1	cm			15.0
35	210	鳞茎纵径	鳞茎纵径	Vertical diameter of bulb	N	4	1	cm			10.0
36	211	鳞茎小鳞茎数	鳞茎小鳞茎数	Number of small bulbs of bulb	N	2	0	个			6
37	212	小鳞茎鳞片数	小鳞茎鳞片数	Number of squamae per bulb	N	2	0	片			40
38	213	茎生小鳞茎	茎生小鳞茎	Small bulbs on stem	C	2			0：无 1：有	0：Absent 1：Present	无
39	214	鳞片形状	鳞片形状	Squama shape	C	6			1：近圆形 2：阔卵形 3：披针形	1：Nearly spherical 2：Broad ovate 3：Lanceolate	披针形
40	215	鳞片色	鳞片色	Color of squama	C	4			1：白色 2：淡黄色 3：紫色	1：White 2：Light yellow 3：Purplish	淡黄色
41	216	鳞片长	鳞片长	Squama length	N	4	1	cm			3.5
42	217	鳞片宽	鳞片宽	Squama width	N	4	1	cm			2.3

（续表）

序号	代号	描述符	字段名	字段英文名	字段类型	字段长度	字段小数位	单位	代码	代码英文名	例子
43	218	鳞片厚	鳞片厚	Squama thickness	N	3	1	cm			0.9
44	219	鳞片节	鳞片节	Node of squama	C	2			0：无 1：有	0：Absent 1：Present	无
45	220	单鳞茎重	单鳞茎重	Weight per bulb	N	5	1	g			130
46	221	茎叶片数	茎叶片数	Number of leaves per stem	N	2	0	片			160
47	222	叶着生方式	叶着生方式	Phyllotaxy	C	4			1：对生 2：互生 3：轮生	1：Opposite 2：Alternate 3：Whorl	轮生
48	223	叶着生方向	叶着生方向	Leaf state	C	6			1：下垂 2：平展 3：半直立 4：直立	1：Drooping 2：Spreading 3：Semi-erect 4：Erect	下垂
49	224	叶形	叶形	Leaf shape	C	6			1：剑形 2：条形 3：披针形 4：椭圆形	1：Ensiform 2：Linear 3：Lanceolate 4：Elliptic	条形
50	225	叶色	叶色	Leaf color	C	6			1：绿色 2：深绿色	1：Green 2：Dark green	深绿色
51	226	叶面光泽	叶面光泽	Leaf luster	C	2			0：无 1：有	0：Absent 1：Present	有
52	227	叶缘起伏	叶缘起伏	State of leaf margin	C	4			1：平 2：波状	1：Truncate 2：Undulate	平

（续表）

序号	代号	描述符	字段名	字段英文名	字段类型	字段长度	字段小数位	单位	代码	代码英文名	例子
53	228	叶扭曲	叶扭曲	Twisted leaf	C	4			1：平 2：扭曲	1：Truncate 2：Twisted	平
54	229	叶茸毛	叶茸毛	Villi on leaf	C	2			0：无 1：有	0：Absent 1：Present	无
55	230	叶长	叶长	Leaf length	N	4	1	cm			8.6
56	231	叶宽	叶宽	Leaf width	N	3	1	cm			0.3
57	232	珠芽	珠芽	Bulbil	C	2			0：无 1：有	0：Absent 1：Present	无
58	233	珠芽颜色	珠芽颜色	Bulbil color	C	4			1：绿色 2：紫色 3：紫褐色	1：Green 2：Purplish 3：Purplish brown	绿色
59	234	花序类型	花序类型	Anthotaxy type	C	8			1：总状花序 2：圆锥花序 3：伞状花序	1：Raceme 2：Panicle 3：Corymb	总状花序
60	235	花葶长	花葶长	Scape length	N	4	1	cm			10.3
61	236	花葶分枝数	花葶分枝数	Scape ramification number	N	2	0	枝			8
62	237	单枝花蕾数	单枝花蕾数	Number of bud per twig	N	2	0	个			12
63	238	花着生方式	花着生方式	Flower location	C	4			1：单生 2：簇生	1：Single birth 2：Fasciation	单生

（续表）

序号	代号	描述符	字段名	字段英文名	字段类型	字段长度	字段小数位	单位	代码	代码英文名	例子
64	239	花着生状态	花着生状态	Flower growth status	C	4			1：下垂 2：平伸 3：直立	1：Droop 2：Horizontal offshoots 3：Erect	下垂
65	240	花梗粗度	花梗粗度	Peduncle diameter	N	3	1	cm			1.6
66	241	花梗茸毛	花梗茸毛	Short pubescence of peduncle	C	2			0：无 1：有	0：Absent 1：Present	无
67	242	花蕾形状	花蕾形状	Shape of bud	C	10			1：椭圆形 2：卵状椭圆形 3：长椭圆形 4：矩圆形	1：Elliptic 2：Ovate elliptic 3：Long elliptic 4：Rectangular elliptic	长椭圆形
68	243	花蕾长度	花蕾长度	Bud length	N	4	1	cm			15.4
69	244	花蕾直径	花蕾直径	Bud diameter	N	4	1	cm			7.8
70	245	花径	花径	Flower diameter	N	4	1	cm			12.0
71	246	花被片数	花被片数	Number of perianth	N	1	0	个			6
72	247	外花被片长度	外花被片长	Outer perianth length	N	4	1	cm			15.0
73	248	外花被片宽度	外花被片宽	Outer perianth width	N	4	1	cm			6.9

（续表）

序号	代号	描述符	字段名	字段英文名	字段类型	字段长度	字段小数位	单位	代码	代码英文名	例子
74	249	外花被片状态	外花被片状态	Outer perianth status	C	4			1：平展 2：翻卷	1：Loose-type 2：Overturn	翻卷
75	250	花被片端部形状	花被片端形状	Perianth cusp	C	4			1：尖 2：钝尖 3：圆 4：凹缺	1：Acuminate 2：Obtuse acuminate 3：Orbicular 4：Emarginate	尖
76	251	花被片茸毛	花被片茸毛	Pubescence of perianth	C	2			0：无 1：有	0：Absent 1：Present	无
77	252	外被片基部色	外被片基色	Color of base of outer perianth	C	6			1：白色 2：绿白色 3：黄色 4：绿黄色 5：红色 6：粉红色 7：橙红色 8：橘红色 9：洋红色 10：石榴红色 11：紫红色 12：紫色	1：White 2：Green white 3：Yellow 4：Green yellow 5：Red 6：Pink 7：Tagerine 8：Jacinth 9：Carmine 10：Guava red 11：Purplish red 12：Purplish	黄色

（续表）

序号	代号	描述符	字段名	字段英文名	字段类型	字段长度	字段小数位	单位	代码	代码英文名	例子
78	253	外被片中部色	外被片中部色	Color of middle of outer perianth	C	6			1：白色 2：绿白色 3：黄色 4：绿黄色 5：红色 6：粉红色 7：橙红色 8：橘红色 9：洋红色 10：石榴红色 11：紫红色 12：紫色	1：White 2：Green white 3：Yellow 4：Green yellow 5：Red 6：Pink 7：Tagerine 8：Jacinth 9：Carmine 10：Guava red 11：Purplish red 12：Purplish	黄色
79	254	外被片外侧色	外被片外侧色	Color of outboard of outer perianth	C	2			1：白色 2：黄色 3：红色 4：紫红色 5：紫色	1：White 2：Yellow 3：Red 4：Purplish red 5：Purplish	紫色

（续表）

序号	代号	描述符	字段名	字段英文名	字段类型	字段长度	字段小数位	单位	代码	代码英文名	例子
80	255	内被片中基部色	内被片中基部色	Color of middle and base of inner perianth	C	6			1：白色 2：绿白色 3：黄色 4：绿黄色 5：红色 6：粉红色 7：橙红色 8：橘红色 9：洋红色 10：石榴红色 11：紫红色 12：紫色	1：White 2：Green white 3：Yellow 4：Green yellow 5：Red 6：Pink 7：Tagerine 8：Jacinth 9：Carmine 10：Guava red 11：Purplish red 12：Purplish	黄色
81	256	内被片外侧色	内被片外侧色	Color of outboard of inner perianth	C	2			1：白色 2：黄色 3：红色 4：紫色	1：White 2：Yellow 3：Red 4：Purplish	紫色
82	257	外被片斑点数	外被片斑点数	Number of fleck of outer perianth	C	2			0：无 1：少 2：中 3：多	0：Absent 1：Few 2：Intermediate 3：Many	无
83	258	内被片斑点数	内被片斑点数	Number of fleck of inner perianth	C	2			0：无 1：少 2：中 3：多	0：Absent 1：Few 2：Intermediate 3：Many	无

（续表）

序号	代号	描述符	字段名	字段英文名	字段类型	字段长度	字段小数位	单位	代码	代码英文名	例子
84	259	斑点大小	斑点大小	Size of fleck	C	2			0：无 1：条 2：点	0：Absent 2：Longitudinal stripe 3：Dot	无
85	260	斑点颜色	斑点颜色	Fleck color	C	4			1：深红色 2：紫色 3：紫褐色 4：紫黑色 5：褐色 6：黑色	1：Deep red 2：Purplish 3：Purplish brown 4：Purplish black 5：Brown 6：Black	紫色
86	261	花被片缘波状	花被片缘波状	Undulation of margin	C	2			0：无 1：小 2：中 3：大	0：Absent or very weak 1：Weak 2：Medium 3：Strong	无
87	262	花被片内卷	花被片内卷	Recurved part	C	10			1：尖端 2：末梢 3：整个花被片	1：Tip only 2：Distal part only 3：Whole tepal	尖端
88	263	花被片反卷	花被片反卷	Degree of recurving	C	2			1：弱 2：中 3：强	1：Weak 2：Medium 3：Strong	弱
89	264	花香	花香	Potpourri	C	2			0：无 1：淡 2：中 3：浓	0：Absent 1：Weak 2：Medium 3：Strong	浓

（续表）

序号	代号	描述符	字段名	字段英文名	字段类型	字段长度	字段小数位	单位	代码	代码英文名	例子
90	265	花柱颜色	花柱颜色	Style color	C	4			1：白色 2：黄色 3：黄绿色 4：绿色 5：橙色 6：橙红色 7：粉红色 8：红色 9：紫红色 10：紫色 11：紫褐色	1：White 2：Yellow 3：Yellowish green 4：Green 5：Orange 6：Tagerine 7：Pink 8：Red 9：Purplish red 10：Purplish 11：Purplish brown	黄绿色
91	266	花柱长度	花柱长度	Style length	N	4	1	cm			7.0
92	267	柱头颜色	柱头颜色	Stigma color	C	4			1：灰色 2：绿色 3：橙色 4：紫红色 5：紫色 6：黑紫色 7：褐色 8：白色	1：Gray 2：Green 3：Orange 4：Purplish red 5：Purplish 6：Black purplish 7：Brown 8：White	橙色
93	268	雄蕊数目	雄蕊数目	Number of stamen	N	1	0	个			6
94	269	雄蕊瓣化	雄蕊瓣化	Stamens disc	C	2			0：无 1：有	0：Absent 1：Present	无

（续表）

序号	代号	描述符	字段名	字段英文名	字段类型	字段长度	字段小数位	单位	代码	代码英文名	例子
95	270	花药长度	花药长度	Anther length	N	3	1	cm			1.2
96	271	花药宽度	花药宽度	Anther width	N	3	1	cm			1.5
97	272	花药颜色	花药颜色	Anther color	C	4			1：橙色 2：红褐色 3：褐色 4：紫色	1：Orange 2：Red brown 3：Brown 4：Purplish	橙色
98	273	花粉	花粉	Farina	C	2			0：无 1：有	0：Absent 1：Present	无
99	274	花粉颜色	花粉颜色	Farina color	C	4			1：浅黄色 2：黄色 3：橙色 4：浅褐色 5：橙棕色 6：红褐色 7：黑褐色	1：Light yellow 2：Yellow 3：Orange 4：Light brown 5：Orange brown 6：Red brown 7：Black brown	橙色

（续表）

序号	代号	描述符	字段名	字段英文名	字段类型	字段长度	字段小数位	单位	代码	代码英文名	例子
100	275	花丝颜色	花丝颜色	Filament color	C	6			1：白色 2：绿色 3：黄绿色 4：黄色 5：橘红色 6：玫瑰红色 7：粉红色 8：红色 9：紫红色 10：紫色 11：紫褐色	1：White 2：Green 3：Yellowish green 4：Yellow 5：Nacarat 6：Rosy 7：Pink 8：Red 9：Purplish red 10：Purplish 11：Purplish brown	黄绿色
101	276	花丝长度	花丝长度	Filament length	N	4	1	cm			8.0
102	277	柱头对花药位置	柱头对花药位置	Stigma position with antheral and opposite rightness	C	4			1：低 2：等高 3：高	1：Low 2：Same 3：High	高
103	278	蜜腺两侧突起	蜜腺两侧突起	Tuber of both sides of nectary	C	2			0：无 1：有	0：Absent 1：Present	无

（续表）

序号	代号	描述符	字段名	字段英文名	字段类型	字段长度	字段小数位	单位	代码	代码英文名	例子
104	279	蜜腺沟颜色	蜜腺沟颜色	Color of nectary chimb	C	4			1：白色 2：绿色 3：黄绿色 4：黄色 5：橘黄色 6：粉红色 7：红色 8：紫红色 9：紫色 10：紫褐色	1：White 2：Green 3：Yellowish green 4：Yellow 5：Saffron 6：Pink 7：Red 8：Purplish red 9：Purplish 10：Purplish brown	黄绿色
105	280	花期长短	花期长短	Length of floresce-nce	N	2	0	d			12
106	281	蒴果形状	蒴果形状	Shape of capsule	C	6			1：椭圆 2：长椭圆	1：Elliptic 2：Long elliptic	长椭圆
107	282	蒴果直径	蒴果直径	Capsule diameter	N	4	1	cm			5.6
108	283	果柄长	果柄长	Fruit stalk length	N	2	1	cm			10.2
109	284	育性	育性	General fertility	C	8			1：全不育 2：雄性不育 3：雌性不育 4：可育	1：Male and female sterile 2：Male sterile 3：Female sterile 4：Fertile	可育
110	285	种子发育	种子发育	Seed development	C	4			1：瘪 2：饱满	1：Shrunken 2：Plump	饱满

（续表）

序号	代号	描述符	字段名	字段英文名	字段类型	字段长度	字段小数位	单位	代码	代码英文名	例子
111	286	种子千粒重	种子千粒重	1000-seed weight	N	2	2	g			4.12
112	287	种皮色	种皮色	Color of seed coat	C	2			1：褐色 2：黑色 3：白色	1：Brown 2：Black 3：White	白色
113	288	花单产	花单产	Yield of flower	N	4	0	枝/亩			
114	289	鳞茎单产	鳞茎单产	Yield of fresh bulb	N	8	0	kg/亩			4000
115	290	形态一致性	形态一致性	Uniformity of morphology	C	4			1：一致 2：持续的变异 3：不持续的变异	1：Uniform 2：Continuous variant 3：Type differ	一致
116	291	繁殖方式	繁殖方式	Mode of reproduction	C	18			1：鳞茎繁殖 2：鳞片扦插 3：珠芽繁殖 4：种子	1：Bulb 2：Squama 3：Bulbil 4：Seed	鳞茎繁殖
117	292	播种期	播种期	Sowing date	D	8	0				20001005
118	293	定植期	定植期	Establishment stage	D	8	0				20010415
119	294	鳞茎收获期	鳞茎收获期	Bulb harvest date	D	8	0				20011025
120	295	始花期	始花期	Early flowering	D	8	0				20010519

（续表）

序号	代号	描述符	字段名	字段英文名	字段类型	字段长度	字段小数位	单位	代码	代码英文名	例子
121	296	盛花期	盛花期		D	8	0				20010619
122	297	末花期	末花期	Late flowering	D	8	0				20010820
123	298	种子收获期	种子收获期	Seed harvest date	D	8	0				20011023
124	301	鳞茎干物质含量	鳞茎干物质含量	Dry matter content in bulb	N	4	2	%			56.3
125	302	鳞茎淀粉含量	鳞茎淀粉含量	Starch content in bulb	N	3	2	%			11.46
126	303	鳞茎维生素 C 含量	鳞茎维生素 C 含量	Vc content in bulb	N	5	2	10^{-2} mg/g			1.5
127	304	鳞茎粗蛋白含量	鳞茎粗蛋白含量	Crude protein content in bulb	N	5	2	%			3.2
128	305	鳞茎可溶性糖含量	鳞茎可溶性糖含量	Soluble sugar content in bulb	N	5	2	%			3.5
129	306	食用鳞茎耐贮藏性	食用鳞茎耐贮藏性	Storability of bulb	C	3			3：强 5：中 7：弱	3：Strong 5：Intermediate 7：Weak	33
130	307	观赏种球耐储藏期	观赏种球耐储藏期	Storability of bulb	C	3			3：强 5：中 7：弱	3：Strong 5：Intermediate 7：Weak	60

（续表）

序号	代号	描述符	字段名	字段英文名	字段类型	字段长度	字段小数位	单位	代码	代码英文名	例子
131	401	耐寒性	耐寒性	Tolerance to cold	C	2			3：强 5：中 7：弱	3：Strong 5：Intermediate 7：Weak	60
132	402	耐热性	耐热性	Tolerance to drought	C	2			3：强 5：中 7：弱	3：Strong 5：Intermediate 7：Weak	强
133	403	耐旱性	耐旱性	Tolerance to heat	C	2			3：强 5：中 7：弱	3：Strong 5：Intermediate 7：Weak	中
134	404	耐涝性	耐涝性	Tolerance to water-logging	C	2			3：强 5：中 7：弱	3：Strong 5：Intermediate 7：Weak	中
135	405	耐盐性	耐盐性	Tolerance to salt	C	2			3：强 5：中 7：弱	3：Strong 5：Intermediate 7：Weak	中
136	501	病毒病抗性	病毒病抗性	Resistance to virus	C	4			1：高抗 3：抗病 5：中抗 7：感病 9：高感	1：High Resistant 3：Resistant 5：Moderate Resistant 7：Susceptive 9：High Susceptive	中
137	502	灰霉病抗性	灰霉病抗性	Resistance to botrytis porri	C	4			1：高抗 3：抗病 5：中抗 7：感病 9：高感	1：High Resistant 3：Resistant 5：Moderate Resistant 7：Susceptive 9：High Susceptive	高抗

（续表）

序号	代号	描述符	字段名	字段英文名	字段类型	字段长度	字段小数位	单位	代码	代码英文名	例子
138	503	炭疽病抗性	炭疽病抗性	Resistance to anthracnose	C	4			1：高抗 3：抗病 5：中抗 7：感病 9：高感	1：High Resistant 3：Resistant 5：Moderate Resistant 7：Susceptive 9：High Susceptive	高抗
139	504	软腐病抗性	软腐病抗性	Resistance to bulb rots	C	4			1：高抗 3：抗病 5：中抗 7：感病 9：高感	1：High Resistant 3：Resistant 5：Moderate Resistant 7：Susceptive 9：High Susceptive	中抗
140	505	疫病抗性	疫病抗性	Resistance to phytophthora Blight	C	4			1：高抗 3：抗病 5：中抗 7：感病 9：高感	1：High Resistant 3：Resistant 5：Moderate Resistant 7：Susceptive 9：High Susceptive	感病
141	506	枯斑（叶烧）病抗性	枯斑（叶烧）病抗性	Resistance to litter spot disease	C	4			1：高抗 3：抗病 5：中抗 7：感病 9：高感	1：High Resistant 3：Resistant 5：Moderate Resistant 7：Susceptive 9：High Susceptive	中抗
142	507	青霉腐烂病抗性	青霉腐烂病抗性	Resistance to penicillium rot disease	C	4			1：高抗 3：抗病 5：中抗 7：感病 9：高感	1：High Resistant 3：Resistant 5：Moderate Resistant 7：Susceptive 9：High Susceptive	高感

（续表）

序号	代号	描述符	字段名	字段英文名	字段类型	字段长度	字段小数位	单位	代码	代码英文名	例子
143	601	用途	用途	Use	C	4			1：鲜食 2：加工 3：观赏 4：药用	1：Fresh edible 2：Processing 3：Ornamental 4：Medical	鲜食
144	602	核型	核型	Karotype	C	20					
145	603	指纹图谱与分子标记	分子标记	Fingerprinting and molecular marker	C	40					$2n = 2x = 14 = 12m + 2sm$
146	604	备注	备注	Remarks	C	30					SSR

五　百合种质资源数据质量控制规范

1　范围

本规范规定了百合种质资源数据采集过程中的质量控制内容和方法。

本规范适用于百合种质资源的整理、整合和共享。

2　规范性引用文件

下列文件中的条款通过本规范的引用而成为本规范的条款。凡是注日期的引用文件，其随后所有的修改单（不包括勘误的内容）或修订版均不适用于本规范，然而，鼓励根据本规范达成协议的各方研究是否可使用这些文件的最新版本。凡是不注日期的引用文件，其最新版本适用于本规范。

ISO 3166 Codes for the Representation of Names of Countries

GB/T 2659 世界各国和地区名称代码

GB/T 2260 中华人民共和国行政区划代码

GB/T 12404 单位隶属关系代码

GB/T 10466—1989 蔬菜、水果形态学和结构学术语（一）

GB/T 3543—1995 农作物种子检验规程

GB/T 8855—1988 新鲜水果和蔬菜的取样方法

GB/T 8858—1988 水果、蔬菜产品中干物质和水分含量的测定方法

GB/T 6195—1986　水果、蔬菜维生素 C 含量测定方法（2,6-二氯靛酚滴定法）。

GB/T 8884—1988 食用马铃薯淀粉

GB 8856—88　水果、蔬菜产品粗蛋白质的测定方法

GB 6194—1986 水果、蔬菜可溶性糖测定法

3　数据质量控制的基本方法

3.1　形态特征和生物学特性观测试验设计

3.1.1　试验地点

试验地点的气候和生态条件应能够满足百合植株的正常生长及其性状的正常表达。

3.1.2　田间设计

百合鳞茎休眠期过后，最适宜栽植时间为8～9月，露地越冬，次年3月前后，出苗，5～6月开花，8～9月百合茎秆变黄枯死、叶片脱落时为鳞茎采收适期。选择单芽（独头）百合做种球，大小均匀，色泽洁白，单球重30～50g。栽植前将原基生根剪去，促发新根，如果基生根新鲜，亦可保留。平畦上开沟，深20cm，种球栽植深度12～14cm，株行距20cm×40cm。每份种质重复3次，田间随机排列，每重复定值最少30株，并设对照品种和保护行，正常田间管理。

3.1.3　栽培环境条件控制

百合栽培土壤选土层深厚、排水良好、富含腐殖质、肥沃的沙质土壤，pH值为5.5～7.0。冬季月平均温度在－5℃以下的地区越冬时需采取必要的保护措施，以保证安全过冬。

试验地土质应具有当地代表性，前茬一致，肥力中等均匀。试验地要远离污染、无人畜侵扰、附近无高大建筑物。试验地的栽培管理与一般大田生产基本相同，应及时进行水肥管理，注意防治病虫害，保证幼苗和植株的正常生长。

3.2　数据采集

形态特征和生物学特性观测试验原始数据的采集应在种质正常生长情况下获得。如遇自然灾害等因素严重影响植株正常生长，应重新进行观测试验和数据采集。

3.3　试验数据统计分析和校验

每份种质的形态特征和生物学特性观测数据依据对照品种进行校验。根据每年2～3次重复，并综合2年度的观测校验值，计算每份种质性状的平均值、变异系数和标准差，并进行方差分析，判断试验结果的稳定性和可靠性。取校验值的平均值作为该种质的性状值。

3.4　其他控制说明

所有用来采集数据的工具，都必须由正规厂家按相关标准生产，并达到相应的精度要求。

4 基本情况数据

4.1 全国统一编号

全国统一编号是由“V12E”加4位顺序号组成的8位字符串，如“V12E0001”，其中“V”代表蔬菜，“12”代表多年生类，“E”代表百合，后四位顺序号从“0001”到“9999”，代表具体百合种质的编号。全国统一编号具有唯一性。

4.2 种质圃编号

种质圃编号是由“N12E”加4位顺序号组成的8位字符串，如“N12E0001”。第1个字母N为Nursery的第1个字母，表示圃的意思。“12”代表多年生类，“E”代表百合，后四位顺序号从“0001”到“9999”，代表具体百合种质的编号。只有进入国家农作物种质资源百合圃保存的种质资源才具有种质圃编号。每份种质具有唯一的种质圃编号。

4.3 引种号

百合种质资源从国外引入时的编号。由“I12E”加4位顺序号组成的8位字符串，如“I12E0001”，其中，“I”代表引进，“12”代表多年生类，“E”代表百合，后四位顺序号从“0001”到“9999”，代表某一具体种质的引种编号。

4.4 采集号

百合种质在野外采集时赋予的编号，一般由年份加2位省份代码加4位顺序号组成。

4.5 种质名称

国内种质的原始名称和国外引进种质的中文译名，如果有多个名称，可以放在英文括号内，用英文逗号分隔，如“种质名称1（种质名称2，种质名称3）”；国外引进种质如果没有中文译名，可以直接填写种质的外文名。

4.6 种质外文名

国外引进种质的外文名和国内种质的汉语拼音名。每个汉字的汉语拼音之间空一格，每个汉字汉语拼音的首字母大写，如“Min Jiang Bai He”。国外引进种质的外文名应注意大小写和空格。

4.7 科名

科名由拉丁名加括号内的中文名组成，如：Liliaceae（百合科）。

4.8 属名

属名由拉丁名加括号内的中文名组成，如：*Lilium* L.（百合属）。

4.9 学名

学名由拉丁名加英文括号内的中文名组成，如“*Lilium regale* Wilson（岷江百合)”。如没有中文名，直接填写拉丁名。

4.10　原产国

百合种质原产国家名称、地区名称或国际组织名称。国家和地区名称参照ISO 3166和GB/T 2659，如该国家已不存在，应在原国家名称前加“原”，如“原苏联”。国际组织名称用该组织的外文名缩写，如“IPGRI”。

4.11　原产省

国内百合种质原产省份名称，省份名称参照GB /T 2260；国外引进种质原产省用原产国家一级行政区的名称。

4.12　原产地

国内百合种质的原产县、乡、村名称。县名参照GB /T 2260。

4.13　海拔

百合种质原产地的海拔高度，单位为m。

4.14　经度

百合原产地的经度，单位为度和分。格式为DDDFF，其中，DDD为度，FF为分。东经为正值，西经为负值，例如，“12125”代表东经121°25′，“－10209”代表西经102°9′。

4.15　纬度

百合种质原产地的纬度，单位为度和分。格式为DDFF，其中，DD为度，FF为分。北纬为正值，南纬为负值，例如，“3208”代表北纬32°8′，“－2542”代表南纬25°42′。

4.16　来源地

国内百合种质的来源省、县名称，国外引进种质的来源国家、地区名称或国际组织名称。国家、地区和国际组织名称同4.10，省和县名称参照GB /T 2260。

4.17　保存单位

百合种质提交农作物种质资源葱蒜圃前的原保存单位名称。单位名称应写全称，例如，“中国农业科学院蔬菜花卉研究所”。

4.18　保存单位编号

百合种质原保存单位赋予的种质编号。保存单位编号在同一保存单位应具有唯一性。

4.19　系谱

百合选育品种（系）的亲缘关系。

4.20　选育单位

选育百合品种（系）的单位名称或个人。单位名称应写全称，例如，“中国农业科学院蔬菜花卉研究所”。

4.21 育成年份

百合品种（系）培育成功的年份。例如，“1980”、“2002”等。

4.22 选育方法

百合品种（系）的育种方法。例如，“系选”、“杂交”、“辐射”等。

4.23 种质类型

保存的百合种质的类型，分为：

1 野生资源
2 地方品种
3 选育品种
4 品系
5 遗传材料
6 其他

4.24 图像

百合种质的图像文件名，图像格式为.jpg。图像文件名由统一编号加半连号“-”加序号加“.jpg”组成。如有两个以上图像文件，图像文件名用英文分号分隔，如“V12EE0010-1.jpg；V12E0010-2.jpg”。图像对象主要包括植株、鳞茎、珠芽、特异性状等。图像要清晰，对象要突出。

4.25 观测地点

百合种质形态特征和生物学特性观测地点的名称，记录到省和县名，如“北京市昌平区”。

5 形态特征和生物学特性

5.1 株高

盛花期，从每试验小区随机抽样10株，测量植株从地面基部至植株自然开张叶片最高处的距离。单位为cm，精确到0.1cm。

5.2 开展度

盛花期，从每试验小区随机抽样30株，测量植株垂直投影的最大宽度。单位为cm，精确到0.1cm。

5.3 茎粗

盛花期，从每试验小区随机抽样10株，测量植株自地面起向上1/3处的最大直径。单位为cm，精确到0.1cm。

5.4 茎斑点

盛花期，以试验小区的植株为观测对象，采用目测法观察植株茎上斑点分布情况。

参照下列描述，确定相应种质的茎表面斑纹类型。

0　无（茎表面颜色均匀，无斑点）

1　条（斑纹呈条状纵向分布在茎表面）

2　点（点状）

5.5 茎主色

盛花期，以试验小区的植株为观测对象，在正常一致的光照条件下，采用目测法观察植株地上直立茎表面的主要颜色。

根据观察结果，与 The Royal Horticultural Society's Colour Chart 标准色卡上相应代码的颜色进行比较，按照最大相似性原则，确定种质茎表面的主要颜色。

1　绿色（FAN3 141B）

2　紫绿色（FAN3 139B）

3　紫色（FAN2 75B）

4　紫褐色（FAN4 200B）

对上述没有列出的其他茎主色，需要另外给予详细的描述和说明。

5.6 茎次色

盛花期，以试验小区的植株为观测对象，在正常一致的光照条件下，采用目测法观察植株地上直立茎表面的次要颜色。

根据观察结果，与标准色卡上相应代码的颜色进行比较，按照最大相似性原则，确定种质茎表面的主要颜色。

1　红色（FAN151B）

2　紫色（FAN2 75B）

3　紫红色（FAN271B）

对上述没有列出的其他茎次色，需要另外给予详细的描述和说明。

5.7 茎茸毛

盛花期，以试验小区的植株为观测对象，采用目测法观察植株地上直立茎的绒毛有无。

0　无

1　有

5.8 鳞茎形状

鳞茎收获期，按正常商品生产要求进行收获、晾晒并修整，从每一个试验小区随机抽取成熟鳞茎 10 头。

参考鳞茎模式图及 5.9 和 5.10 测量的鳞茎横径和鳞茎纵径，并结合下列描述，确定种质鳞茎形状。

1　扁圆球（鳞茎纵径/横径 <0.95）

2　圆球（0.95≤鳞茎纵径/横径 <1.05）

5.9 鳞茎横径

以5.8抽取的鳞茎样品为观察对象，参考鳞茎横径、纵径模式图，测量鳞茎的最大横径。单位为cm，精确到0.1cm。

5.10 鳞茎纵径

以5.8抽取的鳞茎样品为观察对象，参考鳞茎横径、纵径模式图，测量鳞茎的最大纵径。单位为cm，精确到0.1cm。

5.11 鳞茎小鳞茎数

以5.8抽取的鳞茎样品为观察对象，测量成熟鳞茎的小鳞茎个数。单位为个。

5.12 小鳞茎鳞片数

以5.8抽取的鳞茎样品为观察对象，测量成熟鳞茎的小鳞茎的鳞片数。单位为片。

5.13 茎生小鳞茎

以5.8抽取的植株样品为观察对象，参考茎生小鳞茎模式图，采用目测法观察茎入土部分产生小鳞茎的有无。

0　无

1　有

5.14 鳞片形状

以5.8抽取的鳞茎样品为观察对象，参考鳞片模式图及5.16和5.17测量的鳞片长和宽，并结合下列描述，确定种质鳞片形状。

1　近圆形（鳞片长、宽基本相等）

2　阔卵形（鳞片长稍大于宽）

3　披针形（鳞片长为宽的3~4倍）

5.15 鳞片色

以5.8抽样的鳞茎为观察对象，采用目测法观察鳞片表皮的主色。

根据观察结果，与标准色卡上相应代码的颜色进行比较，按照最大相似性原则，确定种质成熟鳞茎鳞片的颜色。

1　白色（FAN4 N155B，155C）

2　淡黄色（FAN1 10B）

3　紫色（FAN2 75B）

对上述没有列出的其他鳞片色，需要另外给予详细的描述和说明。

5.16 鳞片长

以5.8抽取的10头鳞茎为测量对象，每鳞茎选取最大一个鳞片，测量鳞片基部至鳞片顶部的长度。单位为cm，精确到0.1 cm。

5.17　鳞片宽

以5.8抽取的10头鳞茎为测量对象，每鳞茎选取最大一个鳞片，测量鳞片最宽处的宽度。单位为cm，精确到0.1cm。

5.18　鳞片厚

以5.8抽取的10头鳞茎为测量对象，每鳞茎选取最大一个鳞片，测量鳞片中部的最大厚度。单位为cm，精确到0.1cm。

5.19　鳞片节

以5.15抽取的10片鳞片为观察对象，采用目测法观察鳞片节的有无。

1　无

2　有

5.20　单鳞茎重

以5.8抽取的10头鳞茎为测量对象，用1/100的电子称称量10头鳞茎的总重，换算成单头鳞茎重。单位为g，精确到0.1g。

5.21　茎叶片数

盛花期，从每一个试验小区随机抽样10株，分别记录植株地上直立茎的叶片数目，如果基部叶片凋落，根据叶痕计数。单位为片，精确到整数位。

5.22　叶着生方式

盛花期，以试验小区的植株为观测对象，采用目测法观察植株叶片在地上直立茎上的排列方式。参考叶着生方式模式图，并结合下列描述，确定植株叶片在地上直立茎上的排列方式。

1　对生

2　互生

3　轮生

5.23　叶着生方向

盛花期，以试验小区的植株为观测对象，采用目测法观察植株中部生长正常的成熟叶片的着生方向。

参考叶着生方向模式图，结合下列描述，确定相应种质的叶片着生方向。

1　下垂（叶片从中下部开始向下弯曲）

2　平展（叶片舒展，没有弯曲）

3　半直立（叶片较挺直，叶片从中下部开始向下稍有弯曲）

4　直立（叶片挺直，或叶片顶部稍有弯曲）

5.24　叶形

盛花期，以试验小区的植株为观测对象，采用目测法观察植株中部生长正常的成熟叶片的形状。

参照叶形模式图，确定相应种质的叶片形状。

1　剑形

2　条形

3　披针形

4　椭圆形

对上述没有列出的其他类型，需要另外给予详细的描述和说明。

5.25　叶色

盛花期，以整个试验小区的植株为观测对象，在正常一致的光照条件下，采用目测法观察植株中部叶片正面的颜色。

根据观察结果，与标准比色卡上相应代码的颜色进行比较，按照最大相似性原则，确定种质叶色。

1　绿色（FAN3 141B）

2　深绿色（FAN3 134B）

对上述没有列出的其他叶色，需要另外给予详细的描述和说明。

5.26　叶面光泽

盛花期，以整个试验小区的植株为观测对象，在正常一致的光照条件下，采用目测法观察植株中部叶片表面光泽的有无，确定相应种质的叶面光泽。

0　无

1　有

5.27　叶缘起伏

盛花期，以整个试验小区的植株为观测对象，在正常一致的光照条件下，采用目测法观察植株中部完整、生长正常的叶片叶缘，并参照叶缘起伏模式图确定是否起伏。

1　平

2　波状

5.28　叶扭曲

盛花期，以整个试验小区的植株为观测对象，采用目测法观察植株中部完整、生长正常的叶片的扭曲状况。

参照叶扭曲模式图及结合下列描述，确定相应种质的叶扭曲。

1　平

2　扭曲

5.29　叶茸毛

盛花期，以试验小区的植株为观测对象，采用目测法观察植株中部完整、生长正常的叶片表面有无茸毛，确定相应种质的叶茸毛。

0　无

1　有

5.30　叶长

盛花期，从每一个试验小区随机抽样 10 株，选取最长的叶片，每株一片，将叶片轻轻拉直，参考叶长、叶宽模式图，测量从叶片基部至叶尖（不包括叶鞘）的叶身全长。单位为 cm，精确到 0.1cm。

5.31　叶宽

盛花期，从每一个试验小区随机抽样 10 株，选取最长的叶片，每株一片，将叶片轻压展平，但不破坏叶片，参考叶长、叶宽模式图，测量叶片最宽处的宽度。单位为 cm，精确到 0.1cm。

5.32　珠芽

盛花期，在鳞茎膨大前期，以整个试验小区的植株为观察对象，采用目测法观察植株叶腋。

根据观察结果并参考珠芽模式图，确定珠芽有无。

0　无

1　有

5.33　珠芽颜色

以 5.32 抽样的珠芽为观察对象，采用目测法观察珠芽表皮的颜色。

根据观察结果，与标准色卡上相应代码的颜色进行比较，按照最大相似性原则，确定种质的珠芽颜色。

1　绿色（FAN3 141B）

2　紫色（FAN2 75B）

3　紫褐色（FAN4 200B）

对上述没有列出的其他珠芽颜色，需要另外给予详细的描述和说明。

5.34　花序类型

盛花期，以整个试验小区的植株为观测对象，采用目测法观察植株花蕾在花葶上的发育和排列方式。

参照下列描述，确定相应种质的花序类型。

1　总状花序（花心大约等长，花梗沿一条延长的、不分叉的轴线单向生长）

2　圆锥花序（又称复总状花序，每个分枝都是总状花序的分枝花序）

3　伞状花序（主茎各点上长出的单个花柄都达到几乎相同的高度，顶端扁平或圆）

5.35　花葶长

盛花期，从每一个试验小区中随机抽样 10 株，参考花葶长模式图，测量植株从叶片最高处至最顶端花朵花梗处的距离。单位为 cm，精确到 0.1cm。

5.36 花葶分枝数

盛花期，从每一个试验小区中随机抽样 10 株，记录每植株花序的花蕾数，计算平均值。单位为个，精确到整数位。

5.37 单枝花蕾数

盛花期，从每一个试验小区中随机抽样 10 株，记录每植株花葶的分枝数，计算平均值。单位为枝，精确到整数位。

5.38 花着生方式

盛花期，以试验小区的植株为观测对象，采用目测法观察植株生长正常的花朵的着生方式。

参考花着生方式模式图，并结合下列描述，确定相应种质的花朵着生方式。

1　单生
2　簇生

5.39 花着生状态

盛花期，以试验小区的植株为观测对象，采用目测法观察植株生长正常的花朵的着生方式。

参考花着生状态模式图，并结合下列描述，确定相应种质的花朵着生状态。

1　下垂
2　平伸
3　直立

5.40 花梗粗度

盛花期，从每试验小区随机抽样 10 株，测量植株花梗基部最粗部分的横径。单位为 cm，精确到 0.1cm。

5.41 花梗茸毛

盛花期，以试验小区的植株为观测对象，采用目测法观察植株花梗表面有无茸毛，确定相应种质的花梗茸毛。

0　无
1　有

5.42 花蕾形状

盛花期，以整个试验小区的植株为观测对象，采用目测法观察植株未开放的花蕾的形状。

参考花蕾形状模式图，并结合下列描述，确定相应种质的叶花蕾形状。

1　椭圆形
2　卵状椭圆形
3　长椭圆形
4　矩圆形

5.43　花蕾长度

盛花期，从每一个试验小区随机抽样 10 株，选取植株上最大的花蕾，每株一个，参考花蕾长度、直径模式图，将花蕾轻轻拉直，测量花蕾从基部至尖端的全长。单位为 cm，精确到 0.1cm。

5.44　花蕾直径

盛花期，从每试验小区随机抽样 10 株，参考花蕾长度、直径模式图，测量植株上最大花蕾的最粗部分的横径。单位为 cm，精确到 0.1cm。

5.45　花径

盛花期，从每试验小区随机抽样 10 株，参考花径模式图，测量植株上最大花朵的直径。单位为 cm，精确到 0.1cm。

5.46　花被片数

盛花期，以整个试验小区的植株为观测对象，采用目测法观察植株正常开放的花朵的花被片个数。单位为个，精确到整数位。

5.47　外花被片长度

盛花期，从每一个试验小区随机抽样 10 株，选取植株上最大的、正常开放的花朵，每株一个，将花朵外被片轻轻拉直，测量花被片从基部至尖端的全长。单位为 cm，精确到 0.1cm。

5.48　外花被片宽度

盛花期，从每一个试验小区随机抽样 10 株，选取植株上最大的、正常开放的花朵，每株一个，将花朵外被片轻轻拉直，测量花被片最宽部分的宽度。单位为 cm，精确到 0.1cm。

5.49　外被片状态

盛花期，以整个试验小区的植株为观测对象，采用目测法观察植株上正常开放的花朵外被片的形状。

参考花外花被片状态模式图，并结合下列描述，确定相应种质的花朵外被片状态。

1　　平展

2　　翻卷

5.50　花被片端部形状

盛花期，以整个试验小区的植株为观测对象，采用目测法观察植株上正常开放的花朵，花被片尖端的状态。

参照下列描述，确定相应种质的花被片尖端状态。

1　　尖

2　　钝尖

3　　圆

4　　凹缺

5.51　花被片茸毛

盛花期，以整个试验小区的植株为观测对象，采用目测法观察植株上正常开放的花朵，花被片表面有无茸毛，参考花被片茸毛模式图，确定相应种质的花被片茸毛。

0　　无

1　　有

5.52　外被片基部色

盛花期，以整个试验小区的植株为观测对象，在正常一致的光照条件下，采用目测法观察植株上正常开放的花朵外被片正面基部的颜色。

根据观察结果，与标准比色卡上相应代码的颜色进行比较，按照最大相似性原则，确定种质的花朵外被片基部色。

1　　白色（FAN4 155C）

2　　绿白色（FAN4 157B）

3　　黄色（FAN1 9A，9B）

4　　绿黄色（FAN3 149B）

5　　红色（FAN1 51B）

6　　粉红色（ FAN1 56B）

7　　橙红色（FAN1 31B）

8　　橘红色（FAN1 30B）

9　　洋红色（FAN1 55B）

10　　石榴红色（FAN1 50B）

11　　紫红色（FAN2 71B）

12　　紫色（FAN2 75B）

对上述没有列出的其他外被片中基部色，需要另外给予详细的描述和说明。

5.53　外被片中部色

盛花期，以整个试验小区的植株为观测对象，在正常一致的光照条件下，采用目测法观察植株上正常开放的花朵外被片正面中部的颜色。

根据观察结果，与标准比色卡上相应代码的颜色进行比较，按照最大相似性原则，确定种质的花朵外被片中部颜色。

1　　白色（FAN4 155C）

2　　绿白色（FAN4 157B）

3　　黄色（FAN1 9A，9B）

4　　绿黄色（FAN3 149B）

5　　红色（FAN1 51B）

6　粉红色（FAN1 56B）
7　橙红色（FAN1 31B）
8　橘红色（FAN1 30B）
9　洋红色（FAN1 55B）
10　石榴红色（FAN1 50B）
11　紫红色（FAN2 71B）
12　紫色（FAN2 75B）

对上述没有列出的其他外被片端部色，需要另外给予详细的描述和说明。

5.54　外被片外侧色

盛花期，以整个试验小区的植株为观测对象，在正常一致的光照条件下，采用目测法观察植株上正常开放的花朵外被片外侧的颜色。

根据观察结果，与标准比色卡上相应代码的颜色进行比较，按照最大相似性原则，确定种质的花朵外被片外侧的颜色。

1　白色（FAN4 155C）
2　黄色（FAN1 9A，9B）
3　红色（FAN151B）
4　紫红色（FAN2 71B）
5　紫色（FAN2 75B）

对上述没有列出的其他外被片外侧色，需要另外给予详细的描述和说明。

5.55　内被片中基部色

盛花期，以整个试验小区的植株为观测对象，在正常一致的光照条件下，采用目测法观察植株上正常开放的花朵内被片正面中基部的颜色。

根据观察结果，与标准比色卡上相应代码的颜色进行比较，按照最大相似性原则，确定种质的花朵内被片中基部色。

1　白色（FAN4 155C）
2　绿白色（FAN4 157B）
3　黄色（FAN1 9A，9B）
4　绿黄色（FAN3 149B）
5　红色（FAN1 51B）
6　粉红色（FAN1 56B）
7　橙红色（FAN1 31B）
8　橘红色（FAN1 30B）
9　洋红色（FAN1 55B）
10　石榴红色（FAN1 50B）
11　紫红色（FAN2 71B）

12　紫色（FAN2 75B）

对上述没有列出的其他内被片中基部色，需要另外给予详细的描述和说明。

5.56　内被片外侧色

盛花期，以整个试验小区的植株为观测对象，在正常一致的光照条件下，采用目测法观察植株上正常开放的花朵内被片外侧的颜色。

根据观察结果，与标准比色卡上相应代码的颜色进行比较，按照最大相似性原则，确定种质的花朵内被片外侧的颜色。

1　白色（FAN4 155C）

2　黄色（FAN1 9A，9B）

3　红色（FAN1 51B）

4　紫色（FAN2 75B）

对上述没有列出的其他内被片外侧色，需要另外给予详细的描述和说明。

5.57　外被片斑点数

盛花期，以整个试验小区的植株为观测对象，采用目测法观察植株正常开放的花朵，外被片有无斑点及斑点面积的大小，按照估算的斑点面积与花外被片面积的比值的大小，确定种质花外被片斑点的多少。

0　无

1　少（ <2 个/cm^2）

2　中（2 ~4 个/cm^2）

3　多（ >4 个/cm^2）

5.58　内被片斑点数

盛花期，以整个试验小区的植株为观测对象，采用目测法观察植株正常开放的花朵，内被片有无斑点及斑点面积的大小，按照估算的斑点面积与花内被片面积的比值的大小，确定种质花内被片斑点的多少。

0　无

1　少（ <2 个/cm^2）

2　中（2 ~4 个/cm^2）

3　多（ >4 个/cm^2）

5.59　斑点大小

盛花期，以试验小区的植株为观测对象，采用目测法观察花被片表面斑点的大小。

参照下列描述，确定相应种质的花被片表面的斑点大小。

0　无（茎表面颜色均匀，无斑点）

1　条（斑纹较粗，呈条状纵向分布在茎表面）

2　点（点状斑纹分布在茎表面）

5.60　斑点颜色

盛花期，以整个试验小区的植株为观测对象，在正常一致的光照条件下，采用目测法观察植株上正常开放的花朵花被片上的斑点的颜色。

根据观察结果，与标准比色卡上相应代码的颜色进行比较，按照最大相似性原则，确定种质的花朵花被片上的斑点颜色。

1　深红色（FAN1 45A）

2　紫色（FAN2 75B）

3　紫褐色（FAN4 200B）

4　紫黑色（FAN4 202B）

5　褐色（FAN4 N200D）

6　黑色（FAN4 202A）

对上述没有列出的其他花被片斑点颜色，需要另外给予详细的描述和说明。

5.61　花被片缘波状

盛花期，以整个试验小区的植株为观测对象，采用目测法观察植株正常开放的花朵，花被片尖端有无波浪状翻卷及翻卷的大小。

参照下列描述，确定相应种质花被片缘波状的大小。

0　无

1　小

2　中

3　大

5.62　花被片内卷

盛花期，以整个试验小区的植株为观测对象，采用目测法观察植株正常开放的花朵花瓣的扭曲状况。

参照下列描述，确定相应种质的花瓣扭曲。

1　尖端

2　末梢

3　整个花被片

5.63　花被片反卷

盛花期，以整个试验小区的植株为观测对象，采用目测法观察植株的花被片的反卷程度。

参照花被片反卷模式图，并结合确定相应种质的花被片反卷扭曲。

1　弱

2　中

3　强

5.64 花香

盛花期，以整个试验小区的植株为观测对象，利用嗅觉对植株上正常开放花朵的花香的感知，确定相应种质花香的有无及浓重。

0　无

1　淡

2　中

3　浓

5.65 花柱颜色

盛花期，以整个试验小区的植株为观测对象，在正常一致的光照条件下，采用目测法观察植株上正常开放的花朵的花柱颜色。

根据观察结果，与标准比色卡上相应代码的颜色进行比较，按照最大相似性原则，确定相应种质的花柱颜色。

1　白色（FAN4 155C）

2　黄色（FAN1 9A，9B）

3　黄绿色（FAN3 149B）

4　绿色（FAN3 141B）

5　橙色（FAN1 251D）

6　橙红色（FAN1 31B）

7　粉红色（FAN1 56B）

8　红色（FAN1 51B）

9　紫红色（FAN2 71B）

10　紫色（FAN2 75B）

11　紫褐色（FAN4 200B）

对上述没有列出的其他花柱颜色，需要另外给予详细的描述和说明。

5.66 花柱长度

盛花期，从每一个试验小区随机抽样 10 株，选取植株上最大的、正常开放的花朵，并有生长正常的花柱，将花柱轻轻拉直，测量从花柱基部至柱头基部（不包括柱头）的全长。单位为 cm，精确到 0.1cm。

5.67 柱头颜色

盛花期，以整个试验小区的植株为观测对象，在正常一致的光照条件下，选取植株上正常开放的花朵，采用目测法观察生长正常的柱头的颜色。

根据观察结果，与标准比色卡上相应代码的颜色进行比较，按照最大相似性原则，确定相应种质的柱头颜色。

1　灰色（FAN4 156C）

2　绿色（FAN3 141B）

3　橙色（FAN1 251D）

4　紫红色（FAN2 71B）

5　紫色（FAN2 75B）

6　黑紫色（FAN2 79A）

7　褐色（FAN4 N200D）

8　白色（FAN4 N155D）

对上述没有列出的其他柱头颜色，需要另外给予详细的描述和说明。

5.68　雄蕊数目

盛花期，从每一个试验小区中随机抽样10株，记录每植株上正常开放的花朵的雄蕊个数。单位为个，精确到整数位。

5.69　雄蕊瓣化

盛花期，以整个试验小区的植株为观测对象，在正常一致的光照条件下，选取植株上正常开放的花朵，采用目测法观察生长正常的雄蕊有无花瓣化。

0　无

1　有

5.70　花药长度

盛花期，从每一个试验小区随机抽样10株，选取植株上最大的、正常开放的花朵，并有生长正常的花药，每朵选一个，将花药轻轻拉直，测量从花药基部至顶端的全长。单位为cm，精确到0.1cm。

5.71　花药宽度

盛花期，从每一个试验小区随机抽样10株，选取植株上最大的、正常开放的花朵，并有生长正常的花药，每朵选一个，将花药轻轻拉直，测量花药最宽处的宽度。单位为cm，精确到0.1cm。

5.72　花药颜色

盛花期，以整个试验小区的植株为观测对象，在正常一致的光照条件下，选取植株上正常开放的花朵，采用目测法观察生长正常的花药的颜色。

根据观察结果，与标准比色卡上相应代码的颜色进行比较，按照最大相似性原则，确定相应种质的花药颜色。

1　橙色（FAN1 251D）

2　红褐色（FAN4 N200C）

3　褐色（FAN4 N200D）

4　紫色（FAN2 75B）

对上述没有列出的其他花药颜色，需要另外给予详细的描述和说明。

5.73　花粉

盛花期，以整个试验小区的植株为观测对象，在正常一致的光照条件下，选取植株上正常开放的花朵，采用目测法观察生长正常的花药上的花粉的有无。

0　无

1　有

5.74　花粉颜色

盛花期，以整个试验小区的植株为观测对象，在正常一致的光照条件下，选取植株上正常开放的花朵，采用目测法观察生长正常的花药上的花粉的颜色。

根据观察结果，与标准比色卡上相应代码的颜色进行比较，按照最大相似性原则，确定相应种质的花粉颜色。

1　浅黄色（FAN4 162B）

2　黄色（FAN1 13C）

3　橙色（FAN1 251D）

4　浅褐色（FAN4 164C）

5　橙棕色（FAN4 171B）

6　红褐色（FAN4 N200C）

7　黑褐色（FAN4 N200A）

对上述没有列出的其他花粉颜色，需要另外给予详细的描述和说明。

5.75　花丝颜色

盛花期，以整个试验小区的植株为观测对象，在正常一致的光照条件下，选取植株上正常开放的花朵，采用目测法观察生长正常的花丝的颜色。

根据观察结果，与标准比色卡上相应代码的颜色进行比较，按照最大相似性原则，确定相应种质的花丝颜色。

1　白色（FAN4 155C）

2　绿色（FAN3 141B）

3　黄绿色（FAN3 149B）

4　黄色（FAN1 9A，9B）

5　橘红色（FAN1 30B）

6　玫瑰红色（FAN1 46C）

7　粉红色（FAN1 56B）

8　红色（FAN1 51B）

9　紫红色（FAN2 71B）

10　紫色（FAN2 75B）

11　紫褐色（FAN4 200B）

对上述没有列出的其他外花丝颜色，需要另外给予详细的描述和说明。

5.76　花丝长度

盛花期，从每一个试验小区随机抽样 10 株，选取植株上最大的、正常开放的花朵，并有生长正常的花丝，每朵选一个，将花丝轻轻拉直，测量从花丝基部至顶端的全长。单位为 cm，精确到 0.1cm。

5.77　柱头对花药位置

盛花期，以整个试验小区的植株为观测对象，采用目测法观察植株上正常开放的花朵上柱头对花药的位置。

参照柱头对花药位置模式图并结合下列描述，确定相应种质的柱头对花药位置。

1　低

2　等高

3　高

5.78　蜜腺两侧突起

盛花期，以试验小区的植株为观测对象，采用目测法观察植株的蜜腺两侧有无突起，确定相应种质的蜜腺两侧突起。

0　无

1　有

5.79　蜜腺沟颜色

盛花期，以整个试验小区的植株为观测对象，在正常一致的光照条件下，选取植株上正常开放的花朵，采用目测法观察蜜腺沟的颜色。

根据观察结果，与标准比色卡上相应代码的颜色进行比较，按照最大相似性原则，确定相应种质的蜜腺沟颜色。

定相应种质的花柱颜色。

1　白色（FAN4 155C）

2　绿色（FAN3 141B）

3　黄绿色（FAN3 149B）

4　黄色（FAN1 9A，9B）

5　橘黄色（FAN1 17B）

6　粉红色（FAN1 56B）

7　红色（FAN1 51B）

8　紫红色（FAN2 71B）

9　紫色（FAN2 75B）

10　紫褐色（FAN4 200B）

对上述没有列出的其他外蜜腺沟颜色，需要另外给予详细的描述和说明。

5.80　花期长短

盛花期，以整个试验小区的 10 植株为观测对象，百合群体记录从始花期到末花期的天数平均值。单位为 d，精确到整数位。

5.81　蒴果形状

对于能开花结果的百合种质，百合果实的形状。

1　椭圆

2　长椭圆

5.82　蒴果直径

对于能开花结果的百合种质，百合10个果实的最大直径。单位为cm，精确度0.1cm。

5.83　果柄长

对于能开花结果的百合种质，百合10个蒴果的果柄长度。单位为cm，精确度0.1cm。

5.84　育性

盛花期，以试验小区中的植株为观测对象。目测并借助显微镜进行观测。

根据下列描述，确定种质的育性。

1　全不育（无花蕾，或有花蕾、开花但花粉和子房发育不正常）

2　雄性不育（子房发育正常，但不能产生花粉或花粉不育）

3　雌性不育（能开花，花粉发育正常，但子房发育不正常）

4　可育（能开花，花粉和子房均发育正常）

如果同一种质内存在不同育性的植株，需要详细记录群体中各种育性植株的株数或比例。

5.85　种子发育

果实成熟，根据百合种质资源是否结种子及种子的饱满情况，结合下列说明确定种质的发育情况。

1　瘪（有蒴果并可形成种子，但70%以上种子用手捏感觉不饱满）

2　饱满（有蒴果并可形成种子，30%以上种子饱满）

5.86　种子千粒重

对于能开花结实的百合种质，适期采收和清选种子，自然干燥，参照GB 3543—1995农作物种子检验规程，从清选后的种子中随机取样，4次重复，每次重复1 000粒种子，用1/1 000的电子天平进行称量。单位为g，精确到0.01g。

5.87　种皮色

对于能开花结实的百合种质，适期采收和清选的成熟饱满种子的种皮颜色。

1　褐色（FAN4 200B）

2　黑色（FAN4 202A）

3　白色（FAN4 155A）

5.88　花单产

当百合植株上的花蕾长到一定大小，且第一朵花蕾尚未开放时，达一般上市标准，为花枝的收获期。计算每一个试验小区采收的新鲜花枝的个数。单位为枝/亩，精确到整数位。

5.89　鳞茎单产

在百合植株叶片及茎开始发黄时，为鳞茎的收获期，从每一个试验小区收获30棵植株的新鲜鳞茎，修整达一般上市标准，用1/100的电子称称量每小区所收获的鳞茎的总重，单位为kg，精确到0.1kg。根据所收获鳞茎的总重及其占地面积折算出每公顷土地面积的鳞茎产量。单位为kg/亩，精确到整数位。

5.90　形态一致性

在百合生长发育的不同时期，观测群体内的主要形态性状，获得有关的性状值，按照群体内性状的变异程度和单株间性状的差异显著性确定该种质的形态一致性。

百合群体内的形态性状的一致性表现在很多性状上，根据不同生育期主要形态性状的总体表现分为3类。

1　一致（大多数性状基本一致）

2　持续的变异（主要数量性状上存在显著差异，而且其差异呈连续性，不容易清楚地区分开）

3　不持续的变异（主要质量性状上差异较大，而且能明显区分开）

5.91　繁殖方式

在现有的栽培技术水平上，百合种质繁殖后代的主要器官或形式。主要有以下几类。

1　鳞茎繁殖

2　鳞片扦插

3　珠芽繁殖

4　种子

5.92　播种期

记录播种当日的日期。表示方法为“年月日”，格式“YYYYMMDD”。如“20021010”，表示播种期为2002年10月10日。

5.93　定植期

记录定植当日的日期。表示方法为“年月日”，格式“YYYYMMDD”。如“20021010”，表示定植期为2002年10月10日。

5.94　鳞茎收获期

小区鳞茎一次性收获的日期，以“年月日”表示，格式为“YYYYMMDD”。

5.95　始花期

对开花的百合种质资源，记录小区内30%植株的花苞开放的日期。表示方法为“年月日”，格式“YYYYMMDD”。

5.96 盛花期

对开花的百合种质资源，记录小区内60%植株的花苞开放的日期。表示方法为“年月日”，格式“YYYYMMDD”。

5.97 末花期

对开花的百合种质资源，记录小区内90%植株的花苞开放的日期。表示方法为“年月日”，格式“YYYYMMDD”。

5.98 种子收获期

对于能开花结实的百合种质，蒴果成熟期，为种子一次性收获适期，记录小区内一次性收获种子的日期。表示方法为“年月日”，格式“YYYYMMDD”。如“20030330”，表示种子收获期为2003年3月30日。

6 品质特性

6.1 鳞茎干物质含量

鳞茎收获期，参考GB/T 8855—1988 新鲜水果和蔬菜的取样方法，从每一试验小区收获并测产后的新鲜鳞茎中随机选取成熟度适宜、有代表性、无污染的10个鳞茎，清洗干净，切成3cm×3cm碎块混匀后称取1 000g样品。

参照GB 8858—1988 水果和蔬菜产品中干物质和水分含量的测定方法及时测量样品中的干物质含量。以%表示，精确到0.1%。

6.2 鳞茎淀粉含量

参照6.1中的方法进行取样和样品制备。

参照GB/T 8884—1988 食用马铃薯淀粉含量测定的方法及时测量样品中淀粉含量。以%表示，精确到0.1%。

6.3 鳞茎维生素C含量

参照6.1中的方法进行取样和样品制备。

参照GB 6195—1986 水果、蔬菜维生素C含量测定法（2，6－二氯靛酚滴定法）及时进行鳞茎维生素C含量的测定。

单位为10^{-2}mg/g，保留小数点后两位数字。平行测定结果的相对相差，在维生素C含量大于20×10^{-2}mg/g时，不得超过2%，小于20×10^{-2}mg/g时，不得超过5%。

6.4 鳞茎粗蛋白含量

参照6.1中的方法进行取样和样品制备。

参照GB 8856-88　水果、蔬菜产品粗蛋白质的测定方法及时测量样品中粗蛋白含量。单位为10^{-2}g/g，保留小数点后两位数字。

6.5　鳞茎可溶性糖含量

参照6.1中的方法进行取样和样品制备。

参照GB 6194—1986水果、蔬菜可溶性糖测定法及时测量样品中可溶性糖含量。以%表示，精确到0.1%。

6.6　食用鳞茎耐贮藏性

百合鳞茎一般有2~3个月的休眠期，超过休眠期贮藏可能存在较大耐贮藏性差异。

百合鳞茎的贮藏性可以通过以下贮藏试验进行评价。

贮藏条件：温度1~5℃，相对湿度75%~80%。

贮藏方法：鳞茎收获期，从每一个试验小区选取达到商品成熟度的健康、无病虫完整鳞茎10头，进行贮藏，3次重复。设贮藏性强、中、弱3个品种作为对照。放入达到上述条件的冷库进行贮藏。

数据采集：贮藏后90d和180d，调查腐烂情况，芽萌发生长长度，并进行分级：

级别	分级标准
0	顶芽没有萌发，鳞茎没有腐烂迹象。
1	顶芽开始萌动，长度2cm以内，鳞茎没有腐烂迹象。
3	顶芽开始萌发，长度2cm以内，鳞茎上出现轻微斑点。
5	顶芽萌发，长度2cm以上，鳞茎皮病斑明显，鳞片基部有黄色病变，鳞片轻微缩水。
7	顶芽萌发，长度2cm以上，鳞茎皮面布满病斑，鳞片基部有黄色病变，腐烂味明显，鳞片缩水明显。
9	顶芽萌发，长度2cm以上，鳞茎皮面布满病斑，鳞片黄色病变严重，腐烂味道严重，鳞片缩水严重。

腐烂指数的计算：

$$PI = \frac{\sum (s_i n_i)}{9N} \times 100$$

式中：PI——腐烂指数

s_i——各级腐烂级值

n_i——相应腐烂级的鳞茎个数

i——级别

N——调查鳞茎总个数

耐贮性鉴定结果的统计分析和校验参照3.3。

按照下列标准评价每份种质鳞茎的耐贮藏性。

3 强（腐烂指数<20）

5 中（20≤腐烂指数<60）

7 弱（腐烂指数≥60）

注意事项：

保证贮藏所各部位的温度和湿度应尽可能稳定、均匀一致，定期通风。

设置耐贮性不同的代表性对照品种。如果不同批次间，对照品种的表现差异显著，需考虑重新进行试验。如果3个对照品种的实验结果分别表现为相应的强、中、弱，则本次鉴定试验合格。

6.7 观赏百合种球耐贮藏性

观赏百合鳞茎的贮藏性可以通过以下贮藏试验进行评价。

贮藏条件：短期或休眠期贮藏温度0~5℃，相对湿度75%~80%。长期贮藏东方百合杂种系-2℃，亚洲百合杂种系-1.5℃。

贮藏方法：鳞茎收获期，从每一个包装选取达到商品成熟度的健康、无病虫完整鳞茎10头，进行贮藏，3次重复。设贮藏性强、中、弱3个品种作为对照。放入达到上述条件的冷库进行贮藏。

数据采集：贮藏后90d和180d，调查腐烂情况，芽萌发生长长度，并进行分级：

分级方法可参考食用百合。

7 抗逆性

7.1 耐寒性（参考）

选择北方（冬季最低气温-18℃以下-25℃以上），10月中旬秋季播种，试验田间要求尽可能无危害百合的病菌及害虫。设耐寒性强、中、弱3个品种为对照品种。出齐苗后，每试验小区定株30株，冬季除过冬水外不进行防寒保护。

耐寒调查

第二年3月中旬，每小区调查返青率，并逐株调查寒害情况。

寒害情况调查标准

级别	分级标准
0	无寒害症状
1	基部少数叶片枯黄，其他叶片正常，无黄尖，有新生叶片
3	基部少数叶片枯黄，其他叶片基本正常，但1/3以上叶片有黄尖或红尖现象，有新生叶片
5	基部1/3以上叶片枯黄，其他叶片基本正常，但2/3以上叶片有黄尖或红尖现象，有新生叶片

7　　全部叶变黄，无新生叶，甚至整株萎蔫枯死

寒害指数的计算：

$$PI = \frac{\sum(s_i n_i)}{7N} \times 100$$

式中：PI ——寒害指数

s_i ——各级寒害级值

n_i ——相应寒害级的植株数

i ——级别

N ——调查总株数数

耐寒性鉴定结果的统计分析和校验参照 3.3。

以寒害指数优先、返青率辅助对种质进行评价分级：

3　　强（寒害指数<30 且返青率≥96%）

5　　中（30≤寒害指数<65 或 60%≤返青率 9<6%）

7　　弱（寒害指数≥65 或 返青率<61%）

注意事项：

保证试验环境条件的一致性和稳定性。设置合适的对照品种。如果不同批次间，对照品种的表现差异显著，需考虑重新进行试验。如果 3 个对照品种的实验结果分别表现为相应的强、中、弱，则本次鉴定试验合格。

7.2　耐热性（参考）

每份百合种质选有代表性的种球，播种于日光温室中，设 3 次重复，每重复保证 30 株苗。3 次重复随机置于同一生长条件下。设耐热性强、中、弱 3 个品种为对照。

所有供试百合种质资源进入生长后期（一般品种 50% 植株长到 15 ~ 25cm 高）前进行正常管理。进入生长后期后将温度控制在 30 ~ 35℃，光照强度 20 000lx，土壤含水量维持在 25% ~30%。7 ~ 20d 后，当耐热性中等的对照品种多数植株出现热害性状时，进行热害调查，计算热害指数。

级别　热害分级标准

0　　无热害症状

1　　少数叶片萎蔫

3　　1/3 叶片萎蔫

5　　1/2 叶片萎蔫

7　　2/3 以上叶片萎蔫甚至整株萎蔫枯死

热害指数计算：

$$HI = \frac{\sum(s_i n_i)}{7N} \times 100$$

式中：HI ——热害指数

s_i ——各级热害级值

n_i ——相应热害级的植株数

i ——级别

N ——调查总株数数

耐热性鉴定结果的统计分析和校验参照3.3。

百合植株的耐热性根据热害指数分为3级。

3　强（热害指数 <30）

5　中（30≤热害指数65）

7　弱（65≤热害指数）

注意事项同7.1。

7.3　耐旱性（参考）

每份百合种质选有代表性的种球，播种于无菌土苗钵中，每钵一球。设3次重复，每重复保证30株苗。3次重复随机置于同一生长条件下。设耐旱性强、中、弱3个品种为对照。

百合从出苗到50%株高长15～25cm前进行正常育苗管理，保持土壤湿润。后期停止供水，待土壤含水量降至12.5%左右时，观察植株的生长情况。耐旱性中等对照品种40%植株萎蔫时恢复正常田间管理，10d后调查植株的受害情况。

级别　旱害分级标准

0　植株恢复正常，无枯死叶，或仅叶尖稍枯黄，有新叶长出。

1　植株基本恢复正常，无枯死叶，发黄叶不超过1/3，有新叶长出。

3　基本恢复，有枯死叶，但不超过1/3，有发黄叶片，有新叶长出。

5　枯死叶1/3以上，有新叶长出。

7　植株基本死亡。

计算旱害指数：

$$DrI = \frac{\sum (s_i n_i)}{7N} \times 100$$

式中：DrI ——旱害指数

s_i ——各级旱害级值

n_i ——相应旱害级的植株数

i ——级别

N ——调查总株数数

耐旱性鉴定结果的统计分析和校验参照3.3。

百合耐旱性根据旱害指数分为3级。

3 强（旱害指数<30）

5 中（30≤旱害指数<65）

7 弱（旱害指数≥65）

注意事项同7.1。

7.4 耐涝性（参考）

每份百合种质选有代表性的种球，播种于无菌土苗钵中，每钵一球。设3次重复，每次重复保证30株苗。3次重复随机置于同一生长条件下。设耐涝性强、中、弱3个品种为对照。

百合从出苗到50%以上株高长至15～25cm前进行正常育苗管理，保持土壤湿润。后期土面保持水层2～3cm，持续15d左右，观察植株的生长情况。当耐涝性中等的对照品种多数植株出现涝害性状时，恢复正常田间管理。10天后计算所有供试种质资源的涝害指数。

级别 植株涝害分级标准

0 植株恢复正常，无枯死叶，或仅叶尖稍枯黄，有新叶长出。

1 植株基本恢复正常，无枯死叶，发黄叶不超过1/3，有新叶长出。

3 基本恢复，有枯死叶但不超过1/3，有发黄叶片，有新叶长出。

5 枯死叶1/3以上，有新叶长出。

7 植株基本死亡。

涝害指数计算：

$$WI = \frac{\sum (s_i n_i)}{7N} \times 100$$

式中：WI ——涝害指数

s_i ——各级涝害级值

n_i ——相应涝害级的植株数

i ——级别

N ——调查总株数数

耐涝性鉴定结果的统计分析和校验参照3.3。

百合种质的耐涝性根据涝害指数分3级。

3 强（涝害指数<30）

5 中（30≤涝害指数<65）

7 弱（涝害指数≥65）

注意事项同7.1。

7.5 耐盐性

每份百合种质选有代表性的种球，播种于无菌土苗钵中，每钵一球。设3次重复，每次重复保证30株苗。3次重复随机置于同一生长条件下。设耐盐性强、中、弱3个品种为对照。

百合从出苗到50%以上株高长至15～25cm前进行正常育苗管理。后期，浇灌8g/L的NaCl溶液，持续15d左右，观察植株的生长情况。当耐盐性中等的对照品种多数植株出现盐害性状时，恢复正常田间管理。10d后计算所有供试种质资源的盐害指数。

级别	植株盐害分级标准
0	植株恢复正常，无枯死叶，或仅叶尖稍枯黄，有新叶长出。
1	植株基本恢复正常，无枯死叶，发黄叶不超过1/3，有新叶长出。
3	基本恢复，有枯死叶但不超过1/3，有发黄叶片，有新叶长出。
5	枯死叶1/3以上，有新叶长出。
7	植株基本死亡。

盐害指数计算：

$$SI = \frac{\sum (s_i n_i)}{7N} \times 100$$

式中：SI——盐害指数

s_i——各级盐害级值

n_i——相应盐害级的植株数

i——级别

N——调查总株数数

耐盐性鉴定结果的统计分析和校验参照3.3。

百合种质的耐盐性根据盐害指数分3级。

3　强（盐害指数<30）

5　中（30≤盐害指数<65）

7　弱（盐害指数≥65）

注意事项同7.1。

8　抗病虫性

8.1　病毒病（*virus*）抗性（参考）

百合生育期内易受4种病毒病的侵染，主要有：黄瓜花叶病毒病（*Cucumber mosaic virus*）、百合无症病毒（*Lily symptomleses virus* LSV），百合斑驳病毒（*Lily mottle virus* LMoV），百合丛簇病毒病（*Lily rosette virus*）。

对于百合种质对病毒病的群体水平抗性鉴定可参考如下鉴定方法。

鉴定材料的准备。

播种育苗：每份百合种质选有代表性的种球，播种于无菌土苗钵中，每钵一球。设3次重复，每次重复保证20株苗。3次重复随机置于同一生长条件下。设对病毒病高抗、感、高感3个品种为对照。

病毒接种液制备：在严重发病的百合田间（由国家级圃指定或提供）取病毒病严重发病的百合叶片2g，研磨榨取汁液用pH值=2.0的PBS缓冲液稀释到200ml，加0.5g金刚砂。

接种方法：

百合苗长到15~20cm时用空气刷或压力枪进行接种，接种部分为叶片背面，压力枪口距离叶片1cm，压力为2.1kg/cm²。接种后将百合苗置于室温20~28℃、自然光照的防虫温室中培养。

病情调查及分级标准。

接种2~3周后调查植株发病情况。病情分级标准如下。

级别	病级分级标准
0	无症状
1	心叶轻微花叶
3	心叶及中上部叶片花叶
5	心叶及地上部2/3叶片花叶，且心叶卷曲
7	全株花叶或黄化，多数叶片畸形皱缩或簇生，扁茎，植株严重矮化

病情指数计算：

$$DI = \frac{\sum (s_i n_i)}{7N} \times 100$$

式中：DI ——病情指数

s_i ——发病级别

n_i ——相应发病级的植株数

i ——病情分级的各个级别

N ——调查植株总数

抗病性鉴定结果的统计分析和校验参照3.3。

种质群体对病毒病的抗性依据病情指数分为5级。

1　高抗（HR）（0≤病情指数＜15）

3　抗病（R）（15≤病情指数＜30）

5　中抗（MR）（30≤病情指数＜50）

7　感病（S）（50≤病情指数＜70）

9　　高感（HS）（病情指数≥70）

注意事项：

筛选致病力较高的、且有区域代表性的病原菌株；严格控制接菌液的浓度和试验条件的一致性；育苗基质经高压蒸汽灭菌，苗钵经充分洗净；设合适的抗病和感病对照品种；加强栽培管理，使幼苗生长健壮、整齐一致。

8.2　灰霉病（*Botrytis porri*）抗性（参考）

百合对灰霉病抗性的鉴定可以参考以下人工接种鉴定法。

鉴定材料准备。

播种育苗：每份百合种质选有代表性的种球，播种于无菌土苗钵中，每钵1球。设3次重复，每次重复保证20株苗。3次重复随机置于同一生长条件下。设抗灰霉病高抗、中抗、高感3个品种为对照。

病原准备：灰霉病病原菌在PDA斜面上于20℃条件下培养10~15d，用少量无菌水洗下分生孢子，涂于YGA（酵母、葡萄糖、琼脂）平板上，于20℃条件下培养10~15d，然后用无菌水洗下孢子，将孢子悬浮液配成浓度为300~500孢子/ml。

接种方法：

百合苗长到15~20cm时用空气刷或压力枪进行接种，接种部分为叶片背面，压力枪口距离叶片1cm，压力为2.1kg/cm^2。接种后将百合苗置于室温15~25℃、相对湿度90%、自然光照的防虫温室中培养。

病情调查及病情分级标准：

接种2~3d后调查植株发病情况。病情分级标准如下。

级别	病级分级标准
0	无病症
1	植株上 叶片出现红褐色小点
3	叶片上的红褐色小点逐渐扩大成为圆形或椭圆形，中央灰白色边缘红褐色病斑，干燥时病斑变薄而脆，半透明状
5	病斑迅速扩展，多个病斑愈合，导致全叶变褐软腐，黏结在一起悬挂在茎秆上，病部生灰色霉层（分生孢子梗和分生孢子）
7	茎部受害呈红褐色长条斑，渐软腐后折断
9	上部茎叶凋萎，枯死茎秆内外侧生出黑色小菌核

计算病情指数：

$$DI = \frac{\sum (s_i n_i)}{9N} \times 100$$

式中：DI——病情指数

s_i ——发病级别

n_i ——相应发病级的植株数

i ——病情分级的各个级别

N ——调查植株总数

抗病性鉴定结果的统计分析和校验参照3.3。

种质群体对灰霉病的抗性依据病情指数分为5级。

1 高抗（HR）（0≤病情指数＜15）

3 抗病（R）（15≤病情指数＜30）

5 中抗（MR）（30≤病情指数＜50）

7 感病（S）（50≤病情指数＜70）

9 高感（HS）（病情指数≥70）

注意事项：同8.1。

8.3 炭疽病（*Anthracnose*）抗性（参考）

百合对炭疽病抗性的鉴定可以参考以下人工接种鉴定法。

鉴定材料准备。

播种育苗：每份百合种质选有代表性的种球，播种于无菌土苗钵中，每钵1球。设3次重复，每次重复保证20株苗。3次重复随机置于同一生长条件下。设抗炭疽病高抗、中抗、高感3个品种为对照。

病原准备：炭疽病病病菌在PDA斜面上，于25℃条件下培养1～2d，用少量无菌水洗下分生孢子，涂于YGA（酵母、葡萄糖、琼脂）平板上，于25℃条件下培养1～2d，然后用无菌水洗下孢子，将孢子悬浮液配成浓度为300～500孢子/ml。

接种方法：

百合苗长到15～20cm时用空气刷或压力枪进行接种，接种部分为叶片背面，压力枪口距离叶片1cm，压力为2.1kg/cm^2。接种后将百合苗置于室温25～35℃、相对湿度100%、自然光照的防虫温室中培养。

病情调查及分级标准。

接种2～3周后调查植株发病情况。病情分级标准如下。

级别	病级分级标准
0	无症状
1	1/3叶片出现水渍状褪绿小斑
3	1/2以上叶片出现水渍状褪绿病斑
5	病斑扩大，呈长椭圆形或不规则形，中央灰褐色，稍凹陷，周围黑褐色，病斑大小不等
7	多个病斑愈合，叶片早枯

计算病情指数：

$$DI = \frac{\sum (s_i n_i)}{9N} \times 100$$

式中：DI——病情指数

s_i——发病级别

n_i——相应发病级的植株数

i——病情分级的各个级别

N——调查植株总数

抗病性鉴定结果的统计分析和校验参照3.3。

种质群体对炭疽病的抗性依据病情指数分为5级。

1　高抗（HR）（0≤病情指数＜15）

3　抗病（R）（15≤病情指数＜30）

5　中抗（MR）（30≤病情指数＜50）

7　感病（S）（50≤病情指数＜70）

9　高感（HS）（病情指数≥70）

注意事项：同8.1。

8.4　软腐病（*Bulb rots*）抗性（参考）

百合对软腐病抗性的鉴定可以参考以下人工接种鉴定法。

鉴定材料准备。

播种育苗：每份百合种质选有代表性的种球，播种于无菌土苗钵中，每钵1球。设3次重复，每次重复保证20株苗。3次重复随机置于同一生长条件下。设抗软腐病高抗、中抗、高感3个品种为对照。

病原准备：软腐病病原菌（*Fusarium oxyspoyum*，*Cylindrocarpon radicola*）在PDA斜面上于25℃条件下培养3～5d，待菌落形成后，用孔径为6mm的打孔器，在菌落边缘打取菌丝块，接种到PDA平板中央，置25℃恒温箱中培养7d。

接种方法：

百合苗长到15～20cm时，在植株的茎基部贴上在PDA上培养7d后，直径6mm的菌丝块，以湿润棉团保湿72h。接种后将百合苗置于室温25～30℃、自然光照的防虫温室中培养。

病情调查及病情分级标准。

接种3～7d后调查植株发病情况。病情分级标准如下。

级别	病级分级标准
0	无病症
1	植株茎基部致病处呈淡褐色

3　植株茎基部致病处变为深褐色，并开始腐烂

5　病部表面着生一层白色呈辐射状菌丝体，随后菌丝集结成球形、扁球形或不规则形菌核，初为白色，渐变为黄色、黄褐色至黑色

7　病原菌开始侵入鳞茎，产生水泽状暗褐色病斑，随后鳞茎被放射状白色菌丝缠绕，并组织腐败，病部可见茶褐色小菌株

9　植株提早凋萎死亡，似火烧状，在茎基部、鳞茎及四周土壤内形成大量油菜籽状菌核

计算病情指数：

$$DI = \frac{\sum (s_i n_i)}{9N} \times 100$$

式中：DI——病情指数

s_i——发病级别

n_i——相应发病级的植株数

i——病情分级的各个级别

N——调查植株总数

抗病性鉴定结果的统计分析和校验参照3.3。

种质群体对软腐病的抗性依据病情指数分为5级。

1　高抗（HR）（0≤病情指数＜15）

3　抗病（R）（15≤病情指数＜30）

5　中抗（MR）（30≤病情指数＜50）

7　感病（S）（50≤病情指数＜70）

9　高感（HS）（病情指数≥70）

注意事项：同8.1。

8.5　疫病（*Phytophthora Blight*）抗性（参考）

百合对疫病抗性的鉴定可以参考以下人工接种鉴定法。

鉴定材料准备。

播种育苗：每份百合种质选有代表性的种球，播种于无菌土苗钵中，每钵1球。设3次重复，每次重复保证20株苗。3次重复随机置于同一生长条件下。设抗疫病高抗、中抗、高感3个品种为对照。

病原准备：疫病病原菌在胡萝卜琼脂培养基（CaA）斜面上于28℃条件下培养1周，然后用蒸馏水浸没培养基上的菌丝以诱导游动孢子的形成。接种浓度为1 000个游动孢子/ml。

接种方法：

百合苗长到15～20cm时用空气刷或压力枪进行接种，接种部分为茎基部，

压力枪口距离茎基部 1cm，压力为 2.1kg/cm²。接种后将百合苗置于室温 25 ~ 30℃、自然光照的防虫温室中培养。

病情调查及病情分级标准。

接种 5 ~7d 后调查植株发病情况。病情分级标准如下。

级别	病级分级标准
0	无病症
1	植株茎基部有轻度淡黄色、水渍状腐烂，少量叶片变黄、萎蔫
3	植株茎基部有大量淡黄色、水渍状腐烂，皮层、髓部变褐坏死
5	地上茎表面出现凹陷、条状病斑，暗褐色或黑色，并向上或向下扩展，病健交界清晰可见
7	植株茎基部组织变黑变褐，维管束组织软腐
9	植株上叶片由下至上变黄、脱落，整株死亡

计算病情指数：

$$DI = \frac{\sum (s_i n_i)}{9N} \times 100$$

式中：DI ——病情指数

s_i ——发病级别

n_i ——相应发病级的植株数

i ——病情分级的各个级别

N ——调查植株总数

抗病性鉴定结果的统计分析和校验参照 3.3。

种质群体对疫病的抗性依据病情指数分为 5 级。

1　高抗（HR）（0≤病情指数 < 15）

3　抗病（R）（15≤病情指数 <30）

5　中抗（MR）（30≤病情指数 <50）

7　感病（S）（50≤病情指数 <70）

9　高感（HS）（病情指数≥70）

注意事项：同 8.1。

8.6 枯斑（叶烧）病（*Litter spot disease*）抗性（参考）

百合对枯斑病抗性的鉴定可以参考以下人工接种鉴定法。

鉴定材料准备。

播种育苗：每份百合种质选有代表性的种球，播种于无菌土苗钵中，每钵 1 球。设 3 次重复，每次重复保证 20 株苗。3 次重复随机置于同一生长条件下。设抗枯斑病高抗、中抗、高感 3 个品种为对照。

病原准备：枯斑病病原菌在 PDA 斜面上于 24℃ 条件下培养 10～15d，然后用无菌水洗下分生孢子，将孢子悬浮液配成浓度为 300～500 孢子/ml。

接种方法：

百合苗长到 15～20cm 时用喷雾法接种于植株叶片上，隔离保湿。

病情调查及病情分级标准。

接种 10d 后调查植株发病情况。病情分级标准如下。

级别	病级分级标准
0	无病症
1	1/3 叶片产生大小不一的圆形或椭圆形病斑，浅黄色至浅红褐色，边缘呈浅红色至紫色
3	1/2 以上叶片产生病斑
5	整叶枯死
7	植株其他部位也受害，茎部受害褐变、腐烂，自受侵染处折断
9	整株枯死

计算病情指数：

$$DI = \frac{\sum (s_i n_i)}{9N} \times 100$$

式中：DI ——病情指数

s_i ——发病级别

n_i ——相应发病级的植株数

i ——病情分级的各个级别

N ——调查植株总数

抗病性鉴定结果的统计分析和校验参照 3.3。

种质群体对枯斑病的抗性依据病情指数分为 5 级。

1　高抗（HR）（0≤病情指数＜15）

3　抗病（R）（15≤病情指数＜30）

5　中抗（MR）（30≤病情指数＜50）

7　感病（S）（50≤病情指数＜70）

9　高感（HS）（病情指数≥70）

注意事项：同 8.1。

8.7　青霉腐烂病（*Penicillium rot disease*）抗性（参考）

百合对青霉腐烂病病抗性的鉴定可以参考以下人工接种鉴定法。

鉴定材料准备。

播种育苗：每份百合种质选有代表性的种球，播种于无菌土苗钵中，每钵 1

球。设3次重复，每次重复保证20株苗。3次重复随机置于同一生长条件下。设抗青霉腐烂病高抗、中抗、高感3个品种为对照。

病原准备：青霉病病原菌在PDA斜面上于20℃、pH值=6的条件下培养5~7d，然后用无菌水洗下分生孢子，将孢子悬浮液配成浓度为300~500孢子/ml。

接种方法：

百合从出苗到50%以上植株长至15~20cm前进行正常育苗管理。然后，将准备好的孢子悬浮液进行灌根，每植株8ml，每植株在地表下根茎处周围用小刀造成轻微创伤。在距离植株根部周围0.5cm处轻轻划小浅沟，将孢子悬浮液均匀倒入浅沟内，覆土。接种后接种后将百合苗置于室温15~25℃、pH值4~6、自然光照的防虫温室中培养。

病情调查及病情分级标准。

接种2周后调查植株发病情况。病情分级标准如下。

级别	病级分级标准
0	无病症
1	鳞茎外层个别鳞片产生褐色凹陷病斑
3	鳞茎外层鳞片全部产生褐色凹陷病斑，上生青绿色霉层
5	鳞茎内部鳞片缓慢腐烂
7	整个鳞茎呈干腐状
9	植株矮缩，提早枯死

计算病情指数：

$$DI = \frac{\sum(s_i n_i)}{9N} \times 100$$

式中：DI——病情指数

s_i——发病级别

n_i——相应发病级的植株数

i——病情分级的各个级别

N——调查植株总数

抗病性鉴定结果的统计分析和校验参照3.3。

种质群体对青霉腐烂病的抗性依据病情指数分为5级。

1　高抗（HR）（0≤病情指数< 15）

3　抗病（R）（15≤病情指数<30）

5　中抗（MR）（30≤病情指数<50）

7　感病（S）（50≤病情指数<70）

9　高感（HS）（病情指数≥70）

注意事项：同8.1。

9　其他特征特性

9.1　用途

通过民间调查、市场调查和文献查阅相结合，了解相应种质的利用价值和食用方式。

百合器官适宜食用的类型分为以下4类。

1　鲜食

2　加工

3　观赏

4　药用

9.2　核型

采用细胞遗传学方法对染色体的数目、大小、形态和结构进行鉴定。以核型公式表示。

9.3　指纹图谱与分子标记

对进行过指纹图谱分析或重要性状分子标记的大蒜种质，记录指纹图谱或分子标记的方法，并注明所用引物、特征带的分子大小或序列以及所标记的性状和连锁距离。

9.4　备注

百合种质特殊描述符或特殊代码的具体说明。

六　百合种质资源数据采集表

1　基本信息			
全国统一编号（1）		种质圃编号（2）	
引种号（3）		采集号（4）	
种质名称（5）		种质外文名（6）	
科名（7）		属名（8）	
学名（9）		原产国（10）	
原产省（11）		原产地（12）	
海拔高度（13）	m	经度（14）	
纬度（15）		来源地（16）	
保存单位（17）		保存单位编号（18）	
系谱（19）		选育单位（20）	
育成年份（21）		育种方法（22）	
种质类型（23）	1：野生资源　2：地方品种　3：选育品种　4：品系　5：遗传材料 6：其他		
图像（24）		观测地点（25）	
2　形态特征和生物学特性			
株高（26）	cm	开展度（27）	cm
茎粗（28）	cm	茎斑点（29）	0：无　1：条 2：点
茎主色（30）	1：绿　2：紫绿 3：紫　4：紫褐	茎次色（31）	1：红　2：紫 3：紫红
茎茸毛（32）	0：无　1：有	鳞茎形状（33）	1：扁圆球 2：圆球
鳞茎横径（34）	cm		
鳞茎纵径（35）	cm		
鳞茎小鳞茎数（36）	个	小鳞茎鳞片数（37）	片

（续表）

茎生小鳞茎数（38）	0：无　1：有	鳞片形状（39）	1：近圆形 2：阔卵形 3：披针形
鳞片色（40）	1：白色　2：淡黄色　3：紫色		
鳞片长（41）	cm		
鳞片宽（42）	cm		
鳞片厚（43）	cm		
鳞片节（44）	0：无　1：有	单鳞茎重（45）	g
茎叶片数（46）	片		
叶着生方式（47）	1：对生　2：互生　3：轮生		
叶着生方向（48）	1：下垂　2：平展　3：半直立　4：直立		
叶形（49）	1：剑形　2：条形　3：披针形　4：椭圆形		
叶色（50）	1：绿　2：深绿	叶面光泽（51）	0：无　1：有
叶缘起伏（52）	1：平　2：波状		
叶扭曲（53）	1：平　2：扭曲	叶茸毛（54）	0：无　1：有
叶长（55）	cm		
叶宽（56）	cm		
珠芽（57）	0：无　1：有	珠芽颜色（58）	1：绿色 2：紫色 3：紫褐色
花序类型（59）	1：总状花序　2：圆锥花序　3：伞状花序		
花葶长（60）	cm		
花葶分枝数（61）	枝	单枝花蕾数（62）	个
花着生方式（63）	1：单生　2：族生		
花着生状态（64）	1：下垂　2：平伸　3：直立		
花梗粗度（65）	cm		
花梗茸毛（66）	0：无　1：有	花蕾形状（67）	1：椭圆形 2：卵状椭圆形 3：长椭圆形 4：矩圆形

（续表）

花蕾长度（68）	cm	花蕾直径（69）	cm
花径（70）	cm	花被片数（71）	个
外花被片长度（72）	cm		
外花被片宽度（73）	cm		
外花被片状态（74）	1：平展　2：翻卷	花被片端部性状（75）	1：尖　2：钝尖 3：圆　4：凹缺
花被片茸毛（76）	0：无　1：有		
外被片基部色（77）	1：白色　2：绿白色　3：黄色　4：绿黄色　5：红色 6：粉红色　7：橙红色　8：橘红色　9：洋红色　10：石榴红色 11：紫红色　12：紫色		
外被片中部色（78）	1：白色　2：绿白色　3：黄色　4：绿黄色　5：红色 6：粉红色　7：橙红色　8：橘红色　9：洋红色　10：石榴红色 11：紫红色　12：紫色		
外被片外侧色（79）	1：白色　2：黄色　3：红色　4：紫红色　5：紫色		
内被片中基部色（80）	1：白色　2：绿白色　3：黄色　4：绿黄色　5：红色 6：粉红色　7：橙红色　8：橘红色　9：洋红色　10：石榴红色 11：紫红色　12：紫色		
内被片外侧色（81）	1：白色　2：黄色　3：红色　4：紫色		
外被片斑点数（82）	0：无　1：少　2：中　3：多		
内被片斑点数（83）	0：无　1：少 2：中　3：多	斑点大小（84）	0：无　1：条 2：点
斑点颜色（85）	1：深红色　2：紫色　3：紫褐色　4：紫黑色　5：褐色 6：黑色		
花被片缘波状（86）	0：无　1：小　2：中　3：大		
花被片内卷（87）	1：尖端　2：末梢　3：整个花被片		
花被片反卷（88）	1：弱　2：中　3：强		
花香（89）	0：无　1：淡　2：中　3：浓		
花柱颜色（90）	1：白色　2：黄色　3：黄绿色　4：绿色　5：橙色 6：橙红色　7：粉红色　8：红色　9：紫红色　10：紫色 11：紫褐色		

（续表）

花柱长度（91）	cm		
柱头颜色（92）	1：灰色　2：绿色　3：橙色　4：紫红色　5：紫色 6：黑紫色　7：褐色　8：白色		
雄蕊数目（93）	个		
雄蕊瓣化（94）	0：无　1：有		
花药长度（95）	cm		
花药宽度（96）	cm		
花药颜色（97）	1：橙色　2：红褐色　3：褐色　4：紫色		
花粉（98）	0：无　1：有		
花粉颜色（99）	1：浅黄色　2：黄色　3：橙色　4：浅褐色　5：橙棕色 6：红褐色　7：黑褐色		
花丝颜色（100）	1：白色　2：绿色　3：黄绿色　4：黄色　5：橘红色 6：玫瑰红色　7：粉红色　8：红色　9：紫红色　10：紫色 11：紫褐色		
花丝长度（101）	cm		
柱头对花药位置（102）	1：低　2：等高　3：高	蜜腺两侧突起（103）	0：无　1：有
蜜腺沟颜色（104）	1：白色　2：绿色　3：黄绿色　4：黄色　5：橘黄色 6：粉红色　7：红色　8：紫红色　9：紫色　10：紫褐色		
花期长短（105）	d	蒴果形状（106）	1：椭圆 2：长椭圆
蒴果直径（107）	cm		
果柄长（108）	cm		
育性（109）	1：全不育　2：雄性不育　3：雌性不育　4：可育		
种子发育（110）	1：瘪　2：饱满		
种子千粒重（111）	g		
种皮色（112）	1：褐色　2：黑色　3：白色		
花单产（113）	枝/亩		
鳞茎单产（114）	kg/亩		
形态一致性（115）	1：一致　2：持续的变异　3：不持续的变异		
繁殖方式（116）	1：鳞茎繁殖　2：鳞片扦插　3：珠芽繁殖　4：种子		

（续表）

播种期（117）		定植期（118）	
鳞茎收获期（119）		始花期（120）	
盛花期（121）		末花期（122）	
种子收获期（123）			
3　品质特性			
鳞茎干物质含量（124）	%	鳞茎淀粉含量（125）	%
鳞茎维生素 C 含量（126）	10^{-2}mg/g		
鳞茎粗蛋白含量（127）	%		
鳞茎可溶性糖含量（128）	%		
食用鳞茎耐贮藏性（129）	3：强　5：中　7：弱		
观赏种球耐贮藏性（130）	3：强　5：中　7：弱		
4　抗逆性			
耐寒性（131）	3：强　5：中　7：弱	耐热性（132）	3：强　5：中　7：弱
耐旱性（133）	3：强　5：中　7：弱	耐涝性（134）	3：强　5：中　7：弱
耐盐性（135）	3：强　5：中　7：弱		
5　抗病虫性			
病毒病（136）	1：高抗　3：抗病　5：中抗　7：感病　9：高感		
灰霉病抗性（137）	1：高抗　3：抗病　5：中抗　7：感病　9：高感		
炭疽病抗性（138）	1：高抗　3：抗病　5：中抗　7：感病　9：高感		
软腐病抗性（139）	1：高抗　3：抗病　5：中抗　7：感病　9：高感		
疫病抗性（140）	1：高抗　3：抗病　5：中抗　7：感病　9：高感		
枯斑病抗性（141）	1：高抗　3：抗病　5：中抗　7：感病　9：高感		

（续表）

<table>
<tr><td>青霉腐烂（142）</td><td colspan="3">1：高抗　3：抗病　5：中抗　7：感病　9：高感</td></tr>
<tr><td colspan="4">6　其他特征特性</td></tr>
<tr><td>用途（143）</td><td colspan="3">1：鲜食　2：加工　3：观赏　4：药用</td></tr>
<tr><td>核型（144）</td><td></td><td>指纹图谱与分子标记（145）</td><td></td></tr>
<tr><td>备注（146）</td><td colspan="3"></td></tr>
</table>

填表人：　　　　　　　　　　　　审核：　　　　　　　　　　　　日期：

七　百合种质资源利用情况报告格式

1　种质利用概况

每年提供利用的种质类型、份数、份次、用户数等。

2　种质利用效果及效益

提供利用后育成的品种（系）、创新材料以及其他研究利用、开发创收等产生的经济、社会和生态效益。

3　种质利用经验和存在的问题

组织管理、资源管理、资源研究和利用等。

八　百合种质资源利用情况登记表

<table>
<tr><td>种质名称</td><td colspan="5"></td></tr>
<tr><td>提供单位</td><td></td><td>提供日期</td><td></td><td>提供数量</td><td></td></tr>
<tr><td>提供种质
类　　型</td><td colspan="5">地方品种□　育成品种□　高代品系□　国外引进品种□　野生种□
近缘植物□　遗传材料□　突变体□　其他□</td></tr>
<tr><td>提供种质
形　　态</td><td colspan="5">植株（苗）　□果实　□籽粒　□ 根□　茎（插条）□　叶□　芽□
花（粉）□　组织□　细胞□　DNA□　其他□</td></tr>
<tr><td>统一编号</td><td></td><td colspan="2">国家种质资源圃编号</td><td colspan="2"></td></tr>
<tr><td colspan="6">提供种质的优异性状及利用价值：</td></tr>
<tr><td>利用单位</td><td colspan="2"></td><td>利用时间</td><td colspan="2"></td></tr>
<tr><td>利用目的</td><td colspan="5"></td></tr>
<tr><td colspan="6">利用途径：</td></tr>
<tr><td colspan="6">取得实际利用效果：</td></tr>
</table>

种质利用单位盖章　　　　年　月　日　　　种质利用者签名：

主要参考文献

陈海霞，牛立新，张延龙．2007. 几种化学药剂和低温对百合鳞茎休眠的生理效应. 西北农业学报．16（2）：142－145.
冯翠萍，李艳琼，等．2007. 玉溪市百合病害种类的调查与鉴定． 福建林业科技. 34（1）：126－127.
华智锐，马峰旺，等．2007. 百合组培苗对盐胁迫的生理反应． 西北农林科技大学学报（自然科学版).（4）：179－184.
李玉帆，明军，王良桂，袁素霞，刘春，王莹，梁云，冯慧颖，徐雷锋．2012. 百合基本营养成分和活性物质研究进展． 中国蔬菜.（24）：7－13.
梁云，冯慧颖，葛亮，徐雷锋，袁素霞，刘春，明军．2013. “百合”植物名称及原植物考证．北京林业大学学报（社会科学版).（2）：69－72.
刘健. 2001. 麝香百合切花生产中的叶枯病及防治. 中国林副特产. 59（4）：13.
刘青林，张云，原雅玲，彭隆金．2002. 百合品种一致性、稳定性与特异性的研究. 林业大学学报. 24（1）：35－40.
龙雅宜，等．1999. 百合：球根花卉之王． 北京：金盾出版社.
明军，徐榕雪，穆鼎，等．2006. 百合病毒及其脱除研究进展． 中国观赏园艺研究进展. 504－511.
宿巧燕，肖崇刚．2002. 蝴蝶花枯斑病病原鉴定． 西南农业大学学报. 24（6）：532－534.
唐祥宁，游春平，等. 1998. 百合炭疽病症状及病原菌性研究. 江西农业大学学报. 20（2）：199－202.
唐祥宁，肖爱萍，等. 1998. 百合灰霉病病菌生物学特性研究. 江西农业大学学报. 20（4）：485－489.
唐祥宁，游春平，等．1997. 江西百合病害调查与鉴定． 江西农业学报. 9（4）：1－8.
肖艳，张延龙，等. 2005. 百合种球抗寒性的研究. 陕西农业科学.（5）：35－37.
徐秉良，马书智，等. 2005. 百合疫病病原菌的鉴定及培养基的筛选. 植物保护学报. 32（3）：287－290.
徐榕雪，明军，穆鼎，等．2007. 百合三种病毒的多重 RT-PCR 检测． 园艺学报.

34 (2): 443 -448.

许国，高九思，段昊. 2007. 百合栽培技术图说. 郑州：河南科学技术出版社.

张振贤. 2003. 蔬菜栽培学. 北京：中国农业大学出版社.

中国农学会遗传资源学会. 1994. 中国作物遗传资源. 北京：中国农业出版社.

中国农业科学院蔬菜花卉研究所. 1998. 中国蔬菜品种资源目录. 北京：万国学术出版社.

中国农业科学院蔬菜花卉研究所. 1987. 中国蔬菜栽培学. 北京：农业出版社.

中国农业科学院蔬菜花卉研究所. 2001. 中国蔬菜品种志（上卷）. 北京：中国农业科技出版社.

中华人民共和国农业部. 2004. 中国农业统计资料（2003）. 北京：中国农业出版社.

朱怀根，黄家芸. 1999. 百合高产栽培技术. 北京：中国农业科技出版社.

Booy. G, Wouters T C A E, Kleyn N Y. 1998. Identification of lily cultivars using isoelectric focusing of proteins from bulb scales and tissue culture bulblets. Plant Breeding. 117 (1): 57 -62.

FAO. 2003. Production Yearbook.

H. B. Drysdale Woodcock. 1952. Lilies of the world.

Lily Guidelines for the conduct of tests for distinctness, homogeneity and stability.

International Union for the Protection of New Plant Varieties (UPOV). Guidelines for the conduct of tests for distinctness, homogeneity and stability, Lily. TG/59/6, 1991 -10 -18.

International Union for the Protection of New Plant Varieties (UPOV). Revised generalin troduction to the guidelines for the conduc to ftests for distinctness, homogeneity and stability of new varieties of plants. TG/1/2, 1979 -11 -14.

IPGRI. 2001. Descriptors for Allium (*Allium* spp.). International Plant Genetic Resources Institute, Rome, Italy.

M. Jefferson-Brown. 1989. Lilies.

NALS. The Lily Yearbook of the North American Lily Society. 1977: 26 -34; 1984: 72 -80; 1986: 45 -48; 1987: 15 -31; 87 -96; 1988: 49 -55; 1992: 22 -26.

R. H. Lawson, H. T. Hsu. 1996. Lily diseases and their control. Acta hort. (414): 175 -185.

《农作物种质资源技术规范丛书》

分　册　目　录

1　总论

1－1　农作物种质资源基本描述规范和术语
1－2　农作物种质资源收集技术规程
1－3　农作物种质资源整理技术规程
1－4　农作物种质资源保存技术规程

2　粮食作物

2－1　水稻种质资源描述规范和数据标准
2－2　野生稻种质资源描述规范和数据标准
2－3　小麦种质资源描述规范和数据标准
2－4　小麦野生近缘植物种质资源描述规范和数据标准
2－5　玉米种质资源描述规范和数据标准
2－6　大豆种质资源描述规范和数据标准
2－7　大麦种质资源描述规范和数据标准
2－8　高粱种质资源描述规范和数据标准
2－9　谷子种质资源描述规范和数据标准
2－10　黍稷种质资源描述规范和数据标准
2－11　燕麦种质资源描述规范和数据标准
2－12　荞麦种质资源描述规范和数据标准
2－13　甘薯种质资源描述规范和数据标准
2－14　马铃薯种质资源描述规范和数据标准
2－15　籽粒苋种质资源描述规范和数据标准
2－16　小豆种质资源描述规范和数据标准

2－17　豌豆种质资源描述规范和数据标准
2－18　豇豆种质资源描述规范和数据标准
2－19　绿豆种质资源描述规范和数据标准
2－20　普通菜豆种质资源描述规范和数据标准
2－21　蚕豆种质资源描述规范和数据标准
2－22　饭豆种质资源描述规范和数据标准
2－23　木豆种质资源描述规范和数据标准
2－24　小扁豆种质资源描述规范和数据标准
2－25　鹰嘴豆种质资源描述规范和数据标准
2－26　羽扇豆种质资源描述规范和数据标准
2－27　山黧豆种质资源描述规范和数据标准
2－28　黑吉豆种质资源描述规范和数据标准

3　经济作物

3－1　棉花种质资源描述规范和数据标准
3－2　亚麻种质资源描述规范和数据标准
3－3　苎麻种质资源描述规范和数据标准
3－4　红麻种质资源描述规范和数据标准
3－5　黄麻种质资源描述规范和数据标准
3－6　大麻种质资源描述规范和数据标准
3－7　青麻种质资源描述规范和数据标准
3－8　油菜种质资源描述规范和数据标准
3－9　花生种质资源描述规范和数据标准
3－10　芝麻种质资源描述规范和数据标准
3－11　向日葵种质资源描述规范和数据标准
3－12　红花种质资源描述规范和数据标准
3－13　蓖麻种质资源描述规范和数据标准
3－14　苏子种质资源描述规范和数据标准
3－15　茶树种质资源描述规范和数据标准
3－16　桑树种质资源描述规范和数据标准
3－17　甘蔗种质资源描述规范和数据标准
3－18　甜菜种质资源描述规范和数据标准
3－19　烟草种质资源描述规范和数据标准
3－20　橡胶树种质资源描述规范和数据标准

4 蔬菜

4－1 萝卜种质资源描述规范和数据标准
4－2 胡萝卜种质资源描述规范和数据标准
4－3 大白菜种质资源描述规范和数据标准
4－4 不结球白菜种质资源描述规范和数据标准
4－5 菜薹和薹菜种质资源描述规范和数据标准
4－6 叶用和薹（籽）用芥菜种质资源描述规范和数据标准
4－7 根用和茎用芥菜种质资源描述规范和数据标准
4－8 结球甘蓝种质资源描述规范和数据标准
4－9 花椰菜和青花菜种质资源描述规范和数据标准
4－10 芥蓝种质资源描述规范和数据标准
4－11 黄瓜种质资源描述规范和数据标准
4－12 南瓜种质资源描述规范和数据标准
4－13 冬瓜和节瓜种质资源描述规范和数据标准
4－14 苦瓜种质资源描述规范和数据标准
4－15 丝瓜种质资源描述规范和数据标准
4－16 瓠瓜种质资源描述规范和数据标准
4－17 西瓜种质资源描述规范和数据标准
4－18 甜瓜种质资源描述规范和数据标准
4－19 番茄种质资源描述规范和数据标准
4－20 茄子种质资源描述规范和数据标准
4－21 辣椒种质资源描述规范和数据标准
4－22 菜豆种质资源描述规范和数据标准
4－23 韭菜种质资源描述规范和数据标准
4－24 葱（大葱、分葱、楼葱）种质资源描述规范和数据标准
4－25 洋葱种质资源描述规范和数据标准
4－26 大蒜种质资源描述规范和数据标准
4－27 菠菜种质资源描述规范和数据标准
4－28 芹菜种质资源描述规范和数据标准
4－29 苋菜种质资源描述规范和数据标准
4－30 莴苣种质资源描述规范和数据标准
4－31 姜种质资源描述规范和数据标准
4－32 莲种质资源描述规范和数据标准

4－33 茭白种质资源描述规范和数据标准
4－34 蕹菜种质资源描述规范和数据标准
4－35 水芹种质资源描述规范和数据标准
4－36 芋种质资源描述规范和数据标准
4－37 荸荠种质资源描述规范和数据标准
4－38 菱种质资源描述规范和数据标准
4－39 慈姑种质资源描述规范和数据标准
4－40 芡实种质资源描述规范和数据标准
4－41 蒲菜种质资源描述规范和数据标准
4－42 百合种质资源描述规范和数据标准
4－43 黄花菜种质资源描述规范和数据标准
4－44 山药种质资源描述规范和数据标准

5 果树

5－1 苹果种质资源描述规范和数据标准
5－2 梨种质资源描述规范和数据标准
5－3 山楂种质资源描述规范和数据标准
5－4 桃种质资源描述规范和数据标准
5－5 杏种质资源描述规范和数据标准
5－6 李种质资源描述规范和数据标准
5－7 柿种质资源描述规范和数据标准
5－8 核桃种质资源描述规范和数据标准
5－9 板栗种质资源描述规范和数据标准
5－10 枣种质资源描述规范和数据标准
5－11 葡萄种质资源描述规范和数据标准
5－12 草莓种质资源描述规范和数据标准
5－13 柑橘种质资源描述规范和数据标准
5－14 龙眼种质资源描述规范和数据标准
5－15 枇杷种质资源描述规范和数据标准
5－16 香蕉种质资源描述规范和数据标准
5－17 荔枝种质资源描述规范和数据标准
5－18 弥猴桃种质资源描述规范和数据标准
5－19 穗醋栗种质资源描述规范和数据标准
5－20 沙棘种质资源描述规范和数据标准

5-21　扁桃种质资源描述规范和数据标准
5-22　樱桃种质资源描述规范和数据标准
5-23　果梅种质资源描述规范和数据标准
5-24　树莓种质资源描述规范和数据标准
5-25　越橘种质资源描述规范和数据标准
5-26　榛种质资源描述规范和数据标准

6　牧草绿肥

6-1　牧草种质资源描述规范和数据标准
6-2　绿肥种质资源描述规范和数据标准
6-3　苜蓿种质资源描述规范和数据标准
6-4　三叶草种质资源描述规范和数据标准
6-5　老芒麦种质资源描述规范和数据标准
6-6　冰草种质资源描述规范和数据标准
6-7　无芒雀麦种质资源描述规范和数据标准